信号分析与处理

袁 敏 著

吉林科学技术出版社

图书在版编目（CIP）数据

信号分析与处理 / 袁敏著. -- 长春 : 吉林科学技术出版社, 2020.10

ISBN 978-7-5578-7628-9

Ⅰ. ①信… Ⅱ. ①袁… Ⅲ. ①信号分析②信号处理 Ⅳ. ①TN911

中国版本图书馆 CIP 数据核字 (2020) 第 193640 号

信号分析与处理

著　　者　袁　敏
出 版 人　宛　霞
责任编辑　隋云平
封面设计　李　宝
制　　版　宝莲洪图
幅面尺寸　185mm×260mm
开　　本　16
字　　数　200 千字
印　　张　9
版　　次　2020 年 10 月第 1 版
印　　次　2020 年 10 月第 1 次印刷

出　　版　吉林科学技术出版社
发　　行　吉林科学技术出版社
地　　址　长春净月高新区福祉大路 5788 号出版大厦 A 座
邮　　编　130118
发行部电话 / 传真　0431—81629529　81629530　81629531
81629532　81629533　81629534
储运部电话　0431—86059116
编辑部电话　0431—81629520
印　　刷　北京宝莲鸿图科技有限公司

书　　号　ISBN 978-7-5578-7628-9
定　　价　55.00 元

前　言

信号分析与处理具有丰富的理论，且应用极其广泛。无论是天文学、海洋学、结晶学、航天、航空、航海、雷达、声呐，还是与人们生活息息相关的无线通信、生物工程、医学、计算机、电视、国际互联网甚至体育和娱乐等，都离不开信号的分析与处理。

信号分析本质上就是随机信号的统计特性分析，而信号处理是获得信号统计特性的数字处理手段与方法。

全书共包含四章，其主要内容可概括如下：

第一章为全书的引论与基础：主要介绍信号分析与处理所需要的信号、系统和变换的基础与背景知识。

第二章至第四章是信号统计分析与处理：主要介绍信号的傅里叶分析与频谱估计（第二章），数字滤波器（第三章）以及信号检测（第四章）。

由于编者水平有限，书稿难免存在一定的不足与缺陷，希望广大读者多提宝贵意见，以便我们不断的改进和完善。

目　录

第一章　信号、系统与变换

➢ 引子

在进入信号分析与处理的系统性学习之前，本章先从信号、系统与变换的角度出发，介绍连续和离散信号、连续和离散系统、Fourier 变换和 Z 变换的基本概念；然后，围绕信号有用信息的获取，讨论信号分析与处理的基本分类；最后，介绍本课程以后各章内容的主要框架。

本章是以后各章的基础，可视为本课程的引论，所需要的理论背景为普通微积分、复变函数、电路、信号与系统的某些基本知识。

第一节　模拟信号与系统

人类使用信号，并认识到其重要性，已有悠久的历史。早在公元前，古希腊人就用烽火“信号”传递情报。在我国，烽火台是古代传递信息最快最有效的军事建筑。西周的周幽王“烽火戏诸侯，一笑失天下”，更是从反面说明了使用信号给己方发送虚假信息的严重危害。广而言之，古代使用的“信号”可理解或定义为“为了警告、命令或报信而专门发出的，为人们的视觉或听觉能够感知的符号、暗号或告示”。这便是信号的原始定义。然而，在现代科学与技术中，信号往往与系统联系在一起，定义为传递物理系统的相关状态和特性信息的某种函数或载体。

一、模拟信号

系统定义为（输入）集合 F 到（输出）集合 G 的映射。若集合 F 和 G 的元素是连续变量的函数，则称系统是连续的（continue）或模拟的（analog）。本书采用符号 $f(t)$ 表示连续时间变量 t 的（实或者复）函数。

一个时间和幅值均为连续变量的序列 $x(t)$ 称为连续或模拟信号，连续变量 t 称为连续时间，因此，当某个系统的输入和输出均为连续信号时，该系统便是一个连续系统或模拟系统。

连续信号有确定性信号和随机信号之分。确定性信号是一种在不同时间取值具有确定性规律的信号，如通常使用的交流电等。

随机信号也叫随机过程，它是定义在某个概率空间的实或复序列 $x(t)$。随机信号在不

同时间 t_1，…，t_n 的取值 $x(t_1)$，…，$x(t_n)$ 为随机变量，如人的体温和心电图信号等。下面是在信号分析与处理中经常使用的四种模拟信号：

（一）阶跃信号（step signal）

$$U(t)=\begin{cases}1, & t>0\\ 0, & t<0\end{cases}$$

（二）符号信号（signsignal）

$$\operatorname{sgn}(t)=\begin{cases}1, & t>0\\ -1, & t<0\end{cases}$$

（三）方波信号（rectangular pulse signal）

$$P_a(t)=\begin{cases}1, & -a\leqslant t\leqslant a\\ 0, & \text{其他}\end{cases}$$

图 1–1–1 分别画出了阶跃信号、符号信号和方波信号的波形。

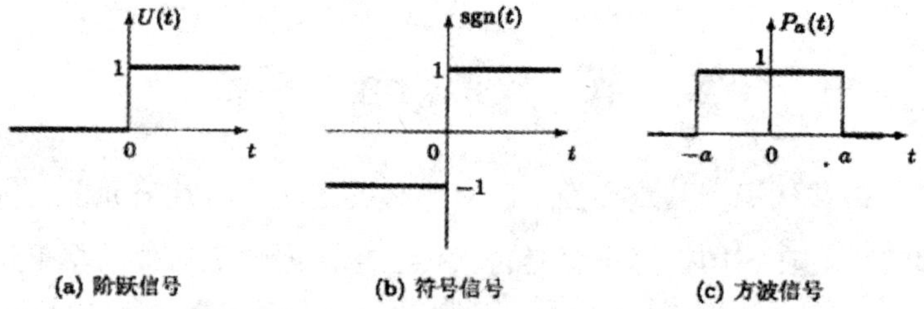

图 1-1-1 阶跃信号、符号信号与方波信号

（四）δ 信号

对于满足

$$\int_{-\infty}^{\infty}\phi(t)\mathrm{d}t=1$$

的函数族 $\varphi c(t)$ 和在原点连续的任意函数 $f(t)$，若

$$\lim_{c\to 0}\int_{-\infty}^{\infty}\phi_c(t)f(t)\mathrm{d}t=f(0)$$

则称 $c\to 0$ 时 $\varphi c(t)$ 的极限为 δ 函数。按照这一解释，δ 信号可以定义为满足

$$\int_{-\infty}^{\infty}\delta(t)f(t)\mathrm{d}t=f(0)$$

的连续函数 $\delta c(t)$，其中 $f(t)$ 是在原点连续的任意函数。

下面是 δ 信号的三个特例：

$$\delta(t)=\lim_{c\to 0}\frac{1}{c\sqrt{\pi}}\mathrm{e}^{-t^2/c^2}$$

$$\delta(t)=\lim_{c\to 0}\frac{\sin(t/c)}{\pi t}$$

$$\delta(t)=\lim_{c\to 0}\frac{1}{c\sqrt{\mathrm{j}\pi}}\mathrm{e}^{-t^2/c^2}$$

其中 $j=\sqrt{-1}$ 为虚数。

δ 信号也叫冲激信号，它具有以下重要性质：

性质 1　δ 信号是一个偶函数，即有

$$\delta(-t)=\delta(t)$$

性质 2　δ 信号等于阶跃信号的微分：

$$\frac{\mathrm{d}U(t)}{\mathrm{d}t}=\delta(t)$$

性质 3　时间尺度放大 a 倍时，δ 信号的幅值缩小 $|a|$ 倍：

$$\delta(at)\frac{1}{|a|}\delta(t)$$

性质 4　任意信号 $f(t)$ 与 $\delta(t)$ 信号的卷积等于原信号，即

$$\int_{-\infty}^{\infty}f(t-\tau)\delta(\tau)\mathrm{d}\,\tau=\int_{-\infty}^{\infty}f(\tau)\delta(t-\tau)\mathrm{d}\,\tau=f(t)$$

或写作

$$f(t)*\delta(t)=f(t)$$

式中

$$f(t)*g(t)=\int_{-\infty}^{\infty}f(\tau)g(t-\tau)d\tau=\int_{-\infty}^{\infty}f(t-\tau)g(\tau)d\tau$$

表示函数 $f(t)$ 和 $g(t)$ 的卷积。

二、Fourier 变换

上面介绍了模拟信号在时间域的描述，现在讨论模拟信号的频率域表示。

符号 $f(t)\to F(w)$ 表示 $f(t)$ 和 $F(w)$ 组成一个 Fourier 变换对：$F(w)$ 是 $f(t)$ 的 Fourier 变换，而 $f(t)$ 是 $F(w)$ 的 *Fourier* 逆变换。

$$F(\omega)=\int_{-\infty}^{\infty}f(t)\mathrm{e}^{-\mathrm{j}\omega t}\mathrm{d}t$$

$$f(t)=\frac{1}{2\pi}\int_{-\infty}^{\infty}F(\omega)\mathrm{e}^{\mathrm{j}\omega t}\mathrm{d}\omega$$

并称 $F(w)$ 是模拟信号 $f(t)$ 的频谱。

例 1.1.1 若 $f(t)=\mathrm{e}^{-\alpha t}U(t)$，其中 $\alpha>0$，则其 Fourier 变换为

$$F(\omega)=\int_{0}^{\infty}\mathrm{e}^{-\alpha t}\mathrm{e}^{-\mathrm{j}\omega t}\mathrm{d}t=\frac{1}{\alpha+j\omega}$$

图 1–1–2 画出了信号 $f(t)=\mathrm{e}^{-\alpha t}U(t)$ 及其 Fourier 变换的图形。

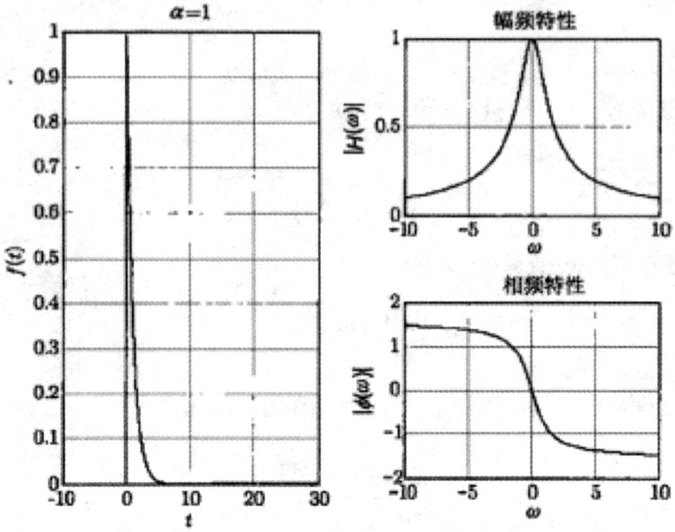

图 1-1-2　信号 $f(t)=\mathrm{e}^{-\alpha t}U(t)$ 及其 Fourier 变换的图形

Fourier 变换具有以下基本性质：

（一）实信号的 Fourier 变换

若 $f(t)$ 的是一个实信号，则

$$F^*(\omega)=F(-\omega)$$

证明　令复函数

$$f(t)=f_1(t)+\mathrm{j}f_2(t),\quad F(\omega)+\mathrm{j}X(\omega)$$

由于 $e^{jwt}=cos(wt)+\mathrm{j}\sin(wt)$，故由上式计算 $F(w)$，并且令等式左右两边的实部和虚部分别相等，有

$$R(\omega)=\int_{-\infty}^{\infty}\left[f_1(t)\cos(\omega t)+f_2(t)\cos(\omega t)\right]\mathrm{d}t=\int_{-\infty}^{\infty}f(t)\cos(\omega t)\mathrm{d}t$$

$$R(\omega)=\int_{-\infty}^{\infty}\left[f_1(t)\sin(\omega t)+f_2(t)\sin(\omega t)\right]\mathrm{d}t=\int_{-\infty}^{\infty}f(t)\sin(\omega t)\mathrm{d}t$$

若 $f(t)$ 为实信号，则由以上两式易知 $R(-w)=-R(w)$ 和 $X(-w)=-X(w)$，从而有 $F^*(w)=R(w)-\mathrm{j}X(w)=R(-w)+\mathrm{j}X(-w)=F(-w)$。

（二）对称性

$$F(-t)\leftrightarrow 2\pi f(-\omega)$$

证明　由上式直接得

$$f(-\omega)=\frac{1}{2\pi}\int_{-\infty}^{\infty}F(x)\mathrm{e}^{-\mathrm{j}\omega x}\mathrm{d}x$$

这表明，$F(t)$ 的 Fourier 变换等于 $2\pi f(-w)$。

（三）共轭信号的 Fourier 变换

$f(t)$ 的复数共轭信号 $f^*(t)$ 的 Fourier 变换是 $F(-w)$ 的复数共轭，即有

$$f^*(t) \leftrightarrow F^*(-\omega)$$

证明 直接求 $f^*(t)$ 的 Fourier 变换，得

$$\int_{-\infty}^{\infty} f^*(t)\mathrm{e}^{-\mathrm{j}\omega t}\mathrm{d}t = \left[\int_{-\infty}^{\infty} f(t)\mathrm{e}^{-\mathrm{j}(-\omega)t}\mathrm{d}t\right]^* = F^*(-\omega)$$

（四）比例性

对任何实的比例因子 a，有

$$f(at) \leftrightarrow \frac{1}{|a|}F\left(\frac{\omega}{a}\right)$$

证明 作变量代换 $at=x$，则有

$$\int_{-\infty}^{\infty} f(at)\mathrm{e}^{-\mathrm{j}\omega t}\mathrm{d}t = \frac{1}{|a|}\int_{-\infty}^{\infty} f(x)\mathrm{e}^{-\mathrm{j}\omega x/a}\mathrm{d}x = \frac{1}{|a|}F\left(\frac{\omega}{a}\right)$$

（五）移位性

对任何实的因子 a，有

$$f(t-a) \leftrightarrow \mathrm{e}^{-\mathrm{j}a\omega}F(\omega) \text{和} \mathrm{e}^{\mathrm{j}at}f(t) \leftrightarrow F(\omega-a)$$

即时间移位对应为频率调制，而时（间）域的信号调制对应为频率的移位。

证明 直接计算 Fourier 变换，得

$$\int_{-\infty}^{\infty} f(t-a)\mathrm{e}^{-\mathrm{j}\omega t}\mathrm{d}t = \int_{-\infty}^{\infty} f(x)\mathrm{e}^{-\mathrm{j}\omega(x+a)}\mathrm{d}x = \mathrm{e}^{-\mathrm{j}a\omega}F(\omega)$$

（六）余弦调制性

$$f(t)\cos(\omega_0 t) \leftrightarrow \frac{1}{2}\left[F(\omega-\omega_0)+F(\omega+\omega_0)\right]$$

证明 利用移位性有 $\mathrm{e}^{\mathrm{j}\omega_0 t}f(t) \leftrightarrow F(\omega-\omega_0)$ 和 $\mathrm{e}^{-\mathrm{j}\omega_0 t}f(t) \leftrightarrow F(\omega+\omega_0)$。

注意到 $\cos(\omega_0 t) = \frac{1}{2}\left(\mathrm{e}^{\mathrm{j}\omega_0 t}f(t)+\mathrm{e}^{-\mathrm{j}\omega_0 t}\right)$，故

$$\begin{aligned}\int_{-\infty}^{\infty} f(t)\cos(\omega_0 t)\mathrm{e}^{-\mathrm{j}\omega t}\mathrm{d}t &= \frac{1}{2}\int_{-\infty}^{\infty} f(t)\left[\mathrm{e}^{-\mathrm{j}(\omega-\omega_0)t}+\mathrm{e}^{-\mathrm{j}(\omega+\omega_0)t}\right]\mathrm{d}t \\ &= \frac{1}{2}\left[F(\omega-\omega_0)+F(\omega+\omega_0)\right]\end{aligned}$$

（七）导数性

$$(-jt)^{\mathrm{n}}f(t) \leftrightarrow F^{(\mathrm{n})}(\omega), \quad f^{(\mathrm{n})}(t) \leftrightarrow (j\omega)^{\mathrm{n}}F(\omega)$$

式中 $f^{(n)}(t)$ 和 $F^{(n)}(w)$ 分别是 $f(t)$ 和 $F(w)$ 的 n 阶导数。

证明 对$f(t)$和$F(w)$别求n阶导数，得

$$F^{(n)}(\omega)=\int_{-\infty}^{\infty}(-\mathrm{j}t)^n f(t)\mathrm{e}^{-(\mathrm{j})\omega t}$$

$$f^{(n)}=\frac{1}{2\pi}\int_{-\infty}^{\infty}(\mathrm{j}\omega)^{\mathrm{n}}F(\omega)\mathrm{e}^{\mathrm{j}\omega t}\mathrm{d}\omega$$

（八）卷积定理

若$f(t)\leftrightarrow F(\omega)$和$g(t)\leftrightarrow G(\omega)$，则

$$f(t)*g(t)\leftrightarrow F(\omega)G(\omega) \quad \text{（时域卷积）}$$

$$f(t)g(t)\leftrightarrow\frac{1}{2\pi}F(\omega)*G(\omega) \quad \text{（频域卷积）}$$

卷积定理的文字叙述是：两个信号时域的卷积对应为频域两个信号频谱的乘积，而两个信号时域的乘积对应为频域两个信号频谱的卷积。

证明 由卷积的定义知

$$\int_{-\infty}^{\infty}f(t)*g(t)\mathrm{e}^{-\mathrm{j}\omega t}\mathrm{d}t=\int_{-\infty}^{\infty}[f(\tau)g(t-\tau)]\mathrm{d}t$$

作变量代换$t=\tau-u$，并且交换两个积分的顺序，则上式变为

$$\int_{-\infty}^{\infty}f(t)*g(t)\mathrm{e}^{-\mathrm{j}\omega t}\mathrm{d}t=\int_{-\infty}^{\infty}f(\tau)\left[\int_{-\infty}^{\infty}\mathrm{e}^{-\mathrm{j}\omega(\tau+u)}g(u)\mathrm{d}u\right]\mathrm{d}\tau$$

$$=\int_{-\infty}^{\infty}f(\tau)\mathrm{e}^{-\mathrm{j}\omega\tau}\mathrm{d}\tau\int_{-\infty}^{\infty}g(u)\mathrm{e}^{-\mathrm{j}\omega u}\mathrm{d}u=F(\omega)G(\omega)$$

类似地，可以证明频域卷积的公式。

（九）Parseval 公式

若$f(t)\leftrightarrow F(\omega)$和$g(t)\leftrightarrow G(\omega)$，则

$$\int_{-\infty}^{\infty}f(t)g*(t)\mathrm{d}t=\frac{1}{2\pi}\int_{-\infty}^{\infty}f(\omega)G*(\omega)\mathrm{d}\omega$$

特别地，若$f(t)=g(t)$，则

$$\int_{-\infty}^{\infty}|f(t)|^2\mathrm{d}t=\frac{1}{2\pi}\int_{-\infty}^{\infty}|F(\omega)|^2\mathrm{d}\omega$$

这一公式也称能量定理，其文字表述为：信号在时域的能量与频域的能量相等。

证明 由卷积定理知

$$\int_{-\infty}^{\infty}f_1(\tau)f_2(t-\tau)\mathrm{d}\tau=\frac{1}{2\pi}\int_{-\infty}^{\infty}F_1(\omega)F_2(\omega)\mathrm{e}^{\mathrm{j}\omega t}\mathrm{d}\omega$$

在上式中令$t=0$，便有

$$\int_{-\infty}^{\infty}f_1(\tau)f_2(-\tau)\mathrm{d}\tau=\frac{1}{2\pi}\int_{-\infty}^{\infty}F_1(\omega)F_2(\omega)\mathrm{d}\omega$$

记 $f(t)=f_1(t)$ 和 $g^*(t)=f_2(t)$，则 $F_1(t)=F(t)$ 和 $F_2(w)=G^*(w)$。

（十）矩定理

令

$$m_n=\int_{-\infty}^{\infty}t^n f(t)\mathrm{d}t$$

是信号 $f(t)$ 的 n 阶矩，并且 $F^{(n)}(0)$ 是 Fourier 变换 $F(w)$ 的 n 阶导数在原点的值，则

$$F^{(n)}(0)=(-j)^n m_{\mathrm{n}}$$

下面是几个常用的 Fourier 变换对：

1. δ 函数 $\delta(t)$ 的 Fourier 变换对

$$\delta(t)\leftrightarrow 1 \quad 和 \quad 1\leftrightarrow 2\pi\delta(\omega)$$

具有延迟 a 的 δ 函数的 Fourier 变换对

$$\delta(t-a)\leftrightarrow \mathrm{e}^{-\mathrm{j}a\omega} \quad 和 \quad \mathrm{e}^{\mathrm{j}at}\leftrightarrow 2\pi\delta(\omega)$$

2. 符号函数 $sgn(t)$ 的 Fourier 变换对

$$\mathrm{sgn}(t)\leftrightarrow\frac{2}{\mathrm{j}\omega} \quad 和 \quad \frac{1}{\pi t}\leftrightarrow -\mathrm{j}\,\mathrm{sgn}(\omega)$$

3. 单位阶跃函数 $U(t)$ 的 Fourier 变换对

$$U(t)\leftrightarrow\pi\delta(\omega)+\frac{1}{\mathrm{j}\omega}$$

4. 矩形函数的 Fourier 变换对

$$\frac{\sin(at)}{t}\leftrightarrow\pi p_a(\omega)$$

5. 三角函数

$$q_c(t)=\left\{\begin{matrix}1-\dfrac{|t|}{c}, & |t|<c\\ 0, & |t|\geqslant c\end{matrix}\right\}$$

的 Fourier 变换对

$$q_c(t)\leftrightarrow\frac{4\sin^2(c\omega/2)}{c\omega^2} \quad 和 \quad \frac{2\sin^2(ct/2)}{\pi ct^2}\leftrightarrow q_c(\omega)$$

三、模拟系统

一个模拟或连续系统是将一个连续时间函数 $f(t)$ 指定为另一连续时间函数 $g(t)$ 的规则。在此意义上讲，一个模拟系统 L 是将输入 $f(t)$ 映射为输出或响应

$$g(t)=L[f(t)]$$

的一种变换。

线性系统：若

$$L\left[a_1 f_1(t)+a_2 f_2(t)\right]=a_1 L\left[f_1(t)\right]+a_2 L\left[f_2(t)\right]$$

称模拟系统 L 为线性（模拟）系统，否则，称之为非线性（模拟）系统。线性要求叠加性 $L\left[f_1(t)+f_2(t)\right]=L\left[f_1(t)\right]+a_2 L\left[f_2(t)\right]$ 和齐次性 $L\left[a_1 f(t)\right]=a_1 L\left[f(t)\right]$ 同时满足。

时不变系统：一模拟系统 $L[f(t)]=g(t)$ 称作时不变系统，若输入的某个时间移位导致输出的相同时间移位，即对于任意实数 V 该系统的输出满足

$$L\left[f(t-t_0)\right]=g(t-t_0)$$

否则，称其为时变系统。

例 1.1.2 下面是几个不同的系统：

（1）$g(t)=\left|f(t)\right|^2$：非线性、时不变系统；

（2）$g(t)=tf(t)$：线性、时变系统；

（3）$g(t)=f(t-a)$：线性、时不变系统。

在后面的分析中，如无特别指明，将限定线性系统为讨论对象。

系统的输入也叫系统的激励，而系统的输出常称为系统响应，特别地，当输入为 δ 信号时，称系统的输出为冲激响应（impulse response)，习惯用符号 $h(t)$ 表示，即有

$$h(t)=L\left|\delta(t)\right|$$

一个线性系统的冲激响应是该系统所特有的，因此，冲激响应常用作线性系统的具体描述。

系统输出的表示定理：当一个线性系统 L 的输入信号为 $f(t)$ 时，系统响应 $g(t)$ 由该系统的冲激响应 $h(t)$ 与输入 $f(t)$ 的卷积给出：

$$g(t)=\int_{-\infty}^{\infty} f(\tau)h(t-\tau)\mathrm{d}\,\tau=f(t)*h(t)$$

第二节　系统函数与本征信号

上一节分析了模拟系统的时域表示，本节讨论模拟系统的频域描述。

一、系统函数

模拟系统的冲激响应 $h(t)$ 的连续 *Fourier* 变换

$$H(\omega)=\int_{-\infty}^{\infty} h(t)\mathrm{e}^{-\mathrm{j}\omega t}\mathrm{d}t$$

称为该系统的传递函数，简称系统函数。系统函数通常为复数：

$$H(\omega)=\left|H(\omega)\right|\mathrm{e}^{\mathrm{j}f(\omega)}=A(\omega)\mathrm{e}^{\mathrm{j}\phi(\omega)}$$

其中 $A(w)=|H(w)|$ 和 $\varphi(w)$ 分别表示系统函数的幅值和相位。

（一）实系统的系统函数

一般说来，一个线性系统的系统函数是实变量（角频率）w 的任意函数。然而，对于一个线性的实系统而言，由于其冲激响应 $h(t)$ 为实数，故有

$$H^*(\omega)=\int_{-\infty}^{\infty}h(t)\mathrm{e}^{\mathrm{j}\omega t}\mathrm{d}t=H(-\omega)$$

注意到，若 $H(\omega)=A(\omega)\mathrm{e}^{\mathrm{j}f(\omega)}$，则有 $H^*(\omega)=A(\omega)\mathrm{e}^{-\mathrm{j}(\omega)}$ 和 $H^*(-\omega)=A(-\omega)\mathrm{e}^{\mathrm{j}\phi(-\omega)}$。于是，由 $H^*(\omega)=H(-\omega)$ 得 $A(-\omega)=A(\omega)$ 和 $\phi(-\omega)=-\phi(\omega)$。这表明，一个实系统的系统函数的幅值为偶函数，相位为奇函数。

（二）级联系统的系统函数

如图 1–2–1 所示，两个线性系统 L_1 和 L_2 相级联，其中，L_1 系统的冲激响应为 $h_1(t)$，而 L_2 系统的冲激响应为 $h_2(t)$。

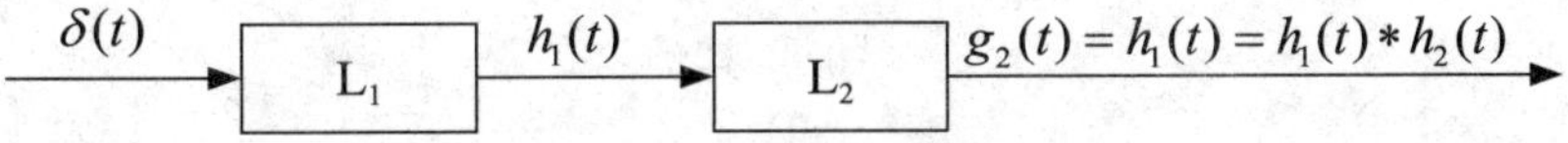

图 1-2-1　级联系统

一方面，考虑用 δ 信号作为 L_1 系统的输入激励，则其输出为 $h_1(t)$。此输出同时又是 L_2 系统的输入，因此，L_2 系统的输出应该是其输入 $h_1(t)$ 和系统冲激响应 $h_2(t)$ 的卷积，即有 $g_2(t)=h_1(t)*h_2(t)$；另一方面，对于级联系统而言，由于输入为 δ 信号，因此，L_2 系统的输出 $g_2(t)$ 也是整个级联系统的冲激响应 $h(t)$，即 $g_2(t)=h(t)$。于是

$$h(t)=h_1(t)*h_2(t)$$

根据卷积定理（两个函数的卷积的 Fourier 变换等于这两个函数的 Fourier 变换之乘积）知，上式的 Fourier 变换为

$$H(\omega)=H_1(\omega)H_2(\omega)$$

上式表明：由 L_1 和 L_2 两个系统级联而成的组合系统的冲激响应等于两个子系统的冲激响应的卷积，而组合系统的系统函数则由两个子系统的系统函数的乘积给出，另由系统输出与输入、冲激响应的卷积关系 $g(t)=f(t)*h(t)$ 和卷积定理知，它们的 Fourier 变换之间存在下列乘积关系：

$$G(\omega)=F(\omega)H(\omega)$$

由此可以得到计算系统函数的另一公式：

$$H(\omega)=\frac{G(\omega)}{F(\omega)}$$

即是说，系统函数等于系统输出信号的频谱（即 Fourier 变换）与输入信号的频谱之商。归纳上述讨论，系统函数有以下三种等价定义或计算方法：

1. 系统函数 $H(w)$ 是冲激响应 $h(t)$ 的 Fourier 变换，即 $H(\omega)=\int_{-\infty}^{\infty}h(t)\mathrm{e}^{-\mathrm{j}wt}\mathrm{d}t$；

2. 若输入 $f(t)=\mathrm{e}^{\mathrm{j}\omega t}$ 为指数信号，则系统函数 $H(w)$ 是输出信号中指数信号的系数；

3. 系统函数等于输出信号的频谱 $G(w)$ 与输入信号的频谱 $F(w)$ 之比，即 $H(w)=G(w)/F\{w)$。

例 1.2.1 能够对信号 $f(t)$ 实现

$$g(t)=\frac{1}{2a}\int_{t-a}^{t+a}f(\tau)\mathrm{d}t$$

的运算称为平滑（smoothing)，求平滑滤波器的系统函数。

解：注意到方波信号

$$P_{\mathrm{a}}(t)=\begin{cases}1, & -a\leqslant t\leqslant a\\ 0, & \text{其他}\end{cases}$$

所以信号的平滑可以用卷积表征。换言之，实现平滑的滤波器的冲激响应具有方波的形式：

$$g(t)=\frac{1}{2a}\int_{t-a}^{t+a}f(\tau)\mathrm{d}\,\tau$$

$$h(t)=\frac{1}{2a}P_{a}(t)$$

其 Fourier 变换为

$$H(\omega)=\frac{1}{2a}\int_{-\infty}^{\infty}P_{\mathrm{a}}(t)\mathrm{e}^{-\mathrm{j}\omega t}\mathrm{d}t=\frac{1}{2a}\int_{-a}^{a}\mathrm{e}^{-\mathrm{j}\omega t}=\frac{\sin(a\omega)}{a\omega}$$

它就是平滑滤波器的系统函数。

（三）系统函数的 Fourier 逆变换

由系统函数的定义式知，冲激响应 $h(t)$ 是系统函数 $H(t)$ 的 Fourier 逆变换：

$$h(t)=\frac{1}{2\pi}\int_{-\infty}^{\infty}H(\omega)\mathrm{e}^{\mathrm{j}\omega t}\mathrm{d}\omega$$

对系统输出信号的 *Fourier* 变换进行逆变换，并利用 $G(w)=F(w)H(w)$ 关系，又可得到系统输出的下列表示：

$$g(t)=\frac{1}{2\pi}\int_{-\infty}^{\infty}G(\omega)\mathrm{e}^{\mathrm{j}\omega t}\mathrm{d}\omega=\frac{1}{2\pi}\int_{-\infty}^{\infty}F(\omega)H(\omega)\mathrm{e}^{\mathrm{j}\omega t}\mathrm{d}\omega$$

一个有趣而重要的事实是，δ 函数和常数 1 组成一个 Fourier 变换对：

$$1 = \int_{-\infty}^{\infty} \delta(t) e^{-j\omega t} dt$$

$$\delta(t) = \frac{1}{2\pi} \int_{-\infty}^{\infty} e^{j\omega t} d\omega$$

二、本征信号

除 δ 信号外，指数信号是线性系统另一个常被使用的典型输入信号。习惯称为线性系统的本征信号（essential signal)。

由上式知，当输入本征信号时，线性系统的输出 $g(t)=h(t)*f(t)$ 由

$$g(t) = \int_{-\infty}^{\infty} h(\tau) e^{j\omega_0 (t-\tau)} dt = e^{j\omega_0 t} \int_{-\infty}^{\infty} h(\tau) e^{-j\omega_0 \tau} d\tau$$

给出。将其代入上式，有

$$g(t) = \int_{-\infty}^{\infty} h(\tau) e^{j\omega_0 t (t-\tau)} d\tau = e^{j\omega_0 t} \int_{-\infty}^{\infty} h(\tau) e^{-j\omega_0 \tau} d\tau$$

这表明，用指数信号激励一线性系统时，系统输出等于指数信号本身与系统函数在 w_0 处的值的乘积。由于这一结果对每一个频率 w_0 均成立，故有

$$g(t) = L\left[e^{j\omega t}\right] = H(\omega) e^{j\omega t}$$

即是说，若使用不同频率的本征信号激励线性系统，则可以通过系统输出 $g(t)$ 直接得到获得系统函数 $H(\omega) = h(t)/e^{j\omega t}$。正是这一输出特征使得指数信号有线性系统的本征信号之称。

下面的几个例子生动地说明了本征信号在滤波器设计中的应用。

例 1.2.2（二阶微分器）设计一个二阶微分器，其输出

$$g(t) = f''(t), \quad \forall t$$

解：当使用本征信号 $f(t) = e^{j\omega t}$ 做二阶微分器的输入时，其一阶和二阶微分分别为

$$f'(t) = j\omega e^{j\omega t}$$

$$g(t) = f''(t) = -\omega^2 e^{j\omega t}$$

令二阶微分器的系统函数为 $H(w)$，则将 $g(t) = H(\omega) e^{j\omega t}$ 与 $g(t) = -\omega^2 e^{j\omega t}$ 作比较，知二阶微分器的系统函数为

$$H(\omega) = -\omega^2 = (j\omega)^2 = (j\omega)(j\omega)$$

即二阶微分器由两个相同的一阶微分器 $H_{\mathrm{i}}(\omega)=j\omega,\ i=1,2$ 级联而成，如图 1–2–2 所示。

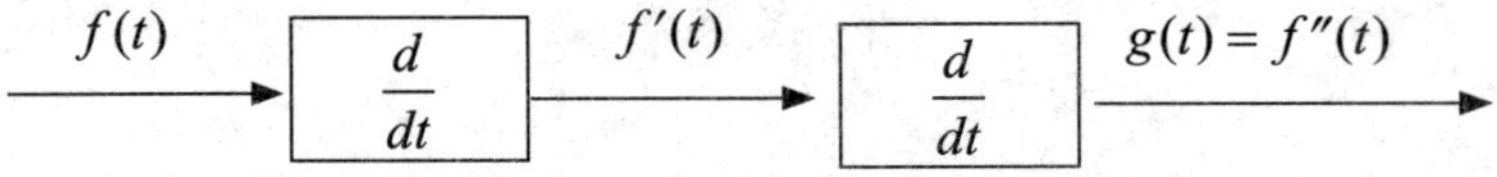

图 1.2.2　二阶微分器

在工程应用中，若输入为位移信号，则微分器是一速度计，而二阶微分器则是一加速度计。

例 1.2.3（积分器）输出 $g(t)$ 与输入 $g(t)$ 满足微分方程 $g'(t)=f(t),\ \forall t$ 的线性系统称为积分器。试设计一个积分器。

解： 使用本征信号 $f(t)=\mathrm{e}^{\mathrm{j}\omega t}$ 作输入，则积分器的输出为 $P(1)=$ 其一阶微分为：

$$g'(t)=j\omega H(\omega)\mathrm{e}^{\mathrm{j}\omega t}$$

于是由微分方程 $g'(t)=f(t)$，有 $j\omega H(\omega)\mathrm{e}^{\mathrm{j}\omega t}=\mathrm{e}^{\mathrm{j}\omega t}$。由此得积分器的系统函数

$$H(\omega)=\frac{1}{\mathrm{j}\omega}$$

可知，积分器和微分器的系统函数互为倒数，因此，积分器是微分器的逆系统；反之，微分器也是积分器的逆系统。

例 1.2.4 设计一个滤波器 $H(w)$，其输出满足二阶微分方程

$$g''(t)+\alpha g(t)=f(t),\quad \forall t$$

其中 $\alpha>0$。

解： 用本征信号 $f(t)=\mathrm{e}^{\mathrm{j}\omega t}$ 作输入，则滤波器 $H(w)$ 的输出 $g(t)=H(\omega)\mathrm{e}^{\mathrm{j}\omega t}$。由此可求出其一阶微分 $g'(t)=j\omega H(\omega)\mathrm{e}^{\mathrm{j}\omega t}$ 和二阶微分 $g''(t)=-\omega^2 H(\omega)\mathrm{e}^{\mathrm{j}\omega t}$。将 $g''(t)$ 代入式，得

$$-\omega^2 H(\omega)\mathrm{e}^{\mathrm{j}\omega t}+aH(\omega)\mathrm{e}^{\mathrm{j}\omega t}=\mathrm{e}^{\mathrm{j}\omega t}$$

由此知

$$H(\omega)=-\frac{1}{\omega^2-\alpha}=\frac{1}{\left(\mathrm{j}\omega-\sqrt{\alpha}\right)}\frac{1}{\left(\mathrm{j}\omega+\sqrt{\alpha}\right)}$$

可见，输出满足二阶微分方程 $g''(t)+\alpha g(t)=f(t)$ 的滤波器 $H(w)$ 由两个滤波器级联而成。

$$H_1(\omega)=\frac{1}{\mathrm{j}\omega-\sqrt{\alpha}}\text{ 和 }H_2(\omega)=\frac{1}{\mathrm{j}\omega+\sqrt{\alpha}}$$

第三节　离散信号与系统

若集合 F 和 G 的元素是整数变元的函数，则称系统是离散的（discrete)。本节采用符号 $f(n)$ 表示整数时间变量 n 的（实或者复）函数。

一、离散信号

一个时间为整数变量、幅值为连续变量的序列 $f(n)$ 称为离散信号（discrete signal)，整数变量 n 称作离散时间。

下面是两个典型的离散信号（参见图 1-3-1）:

阶跃信号

$$U(n)=\begin{cases}1, & n\geqslant 0\\ 0, & n<0\end{cases}$$

δ 信号

$$\delta(n)=\begin{cases}1, & n=0\\ 0, & n\neq 0\end{cases}$$

由于该信号只在 n=0 处有一个冲激值，其他处皆为零值，故常常形象地称其为冲激信号（impulse signal)。

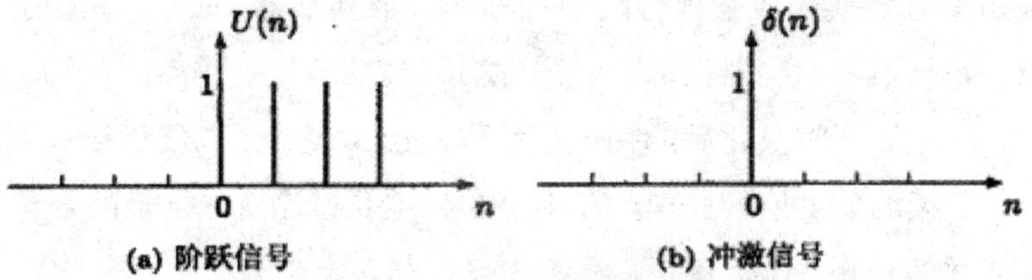

图 1-3-1　阶跃信号与冲激信号

对于任意整数 k，冲激信号满足

$$\delta(n-k)=\begin{cases}1, & n=k\\ 0, & n\neq k\end{cases}$$

一个离散信号 $x(n)$ 可能是直接由信号源产生的。例如，某地一年 365 天中每天的平均气温构成 365 个离散信号。然而，在大多数情况下，离散信号由连续信号采样后得到。实现连续信号转换成离散信号的采样装置简称采样器。

离散信号在由计算机或专用信号处理芯片处理之前，必须将离散信号的幅值进行“量化”或“离散化”，以便使用有限的位数表示其幅值。时间和幅值都取离散值的信号称为数字信号（digital signal)。

图 1–3–2 画出了一个连续信号及其相应的离散信号和数字信号的波形。

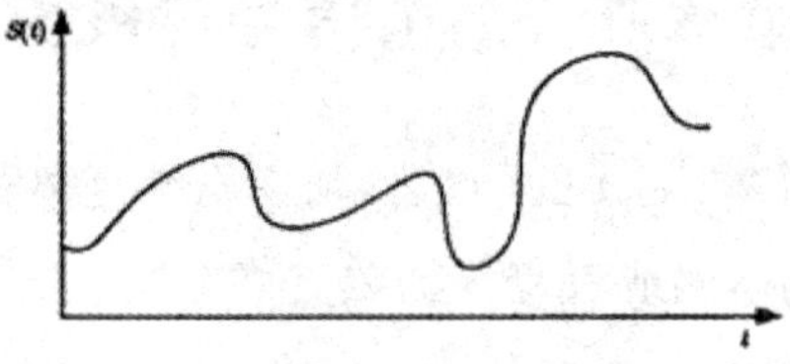

(a) 连续信号

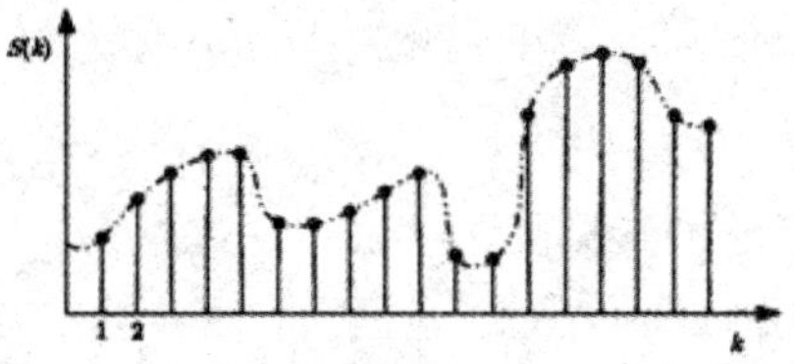

(b) 离散信号

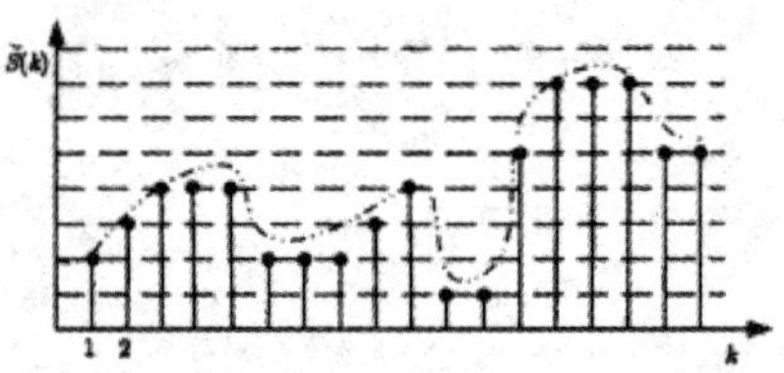

(c) 数字信号

图 1-3-2　连续信号、离散信号与数字信号

直接将模拟信号转换成数字信号的装置称作模数转换器（analog/digital convertor），通常包括采样器、量化器和编码器三部分。采样器将模拟信号变成离散信号，量化器将离散信号的幅值量化，编码器将量化后的幅值用编码的形式表示，以便供给计算机或者专用信号处理芯片进行后续的数字信号处理。在本书中，主要讨论离散信号的处理。

任意两个离散信号 $f(n)$ 和 $g(n)$ 的卷积称为卷积和，定义为

$$f(n)*g(n)=\sum_{k=-\infty}^{\infty}f(k)g(n-k)=\sum_{l=-\infty}^{\infty}f(n-1)g(l)$$

离散信号的卷积和通常简称为离散卷积或直呼为卷积。

由上式易知，任意离散信号 $f(n)$ 都可以写作它本身与冲激信号的卷积：

$$f(n)=\sum_{k=-\infty}^{\infty}f(k)\delta(n-k)$$

二、离散系统

一个离散系统是将离散序列或信号 $f(n)$ 转换为另一个离散序列或信号 $g(n)$ 的映射（或变换）。通常使用数学符号

$$g(n) = L[f(n)]$$

表示这一映射，并且分别称序列 $f(n)$ 和以 $g(n)$ 为离散系统 L 的输入和输出（或响应）。

线性离散系统：离散系统 L 称为线性离散系统，若映射同时满足齐次性 $L[af(n)] = aL[f(n)]$ 和叠加性 $L[f_1(n) + f_2(n)] = L[f_1(n)] + L[f_2(n)]$，即

$$L[a_1 f_1(n) + a_2 f_2(n)] = a_1 L[f_1(n)] + a_2 L[f_2(n)]$$

对任意常数 a_1，a_2 和序列 $f_1(n)$，$f_2(n)$ 恒成立。

最简单的两个线性离散系统是图 1-3-3 所示的延迟单元（delay element)

$$g(n) = f(n-1)$$

和乘法器（multiplier)

$$g(n) = \alpha f(n)$$

它们是数字电路中两个常用的基本单元。

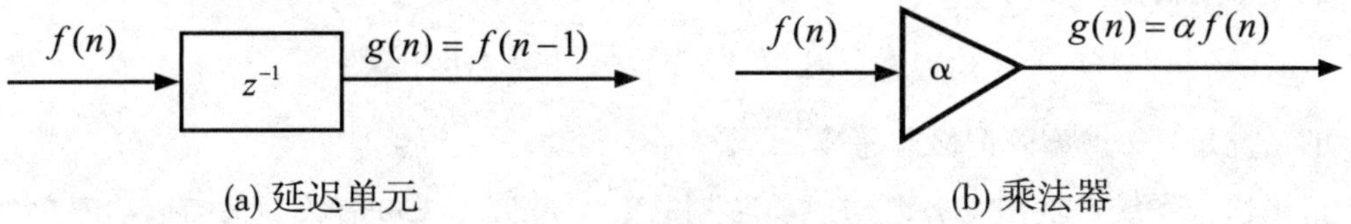

图 1-3-3 延迟单元与乘法器

移不变系统（shift-invariant system): 离散系统 $L[f(n)]=g(n)$ 称为移不变系统，若

$$L[f(n-k)] = g(n-k), \quad \forall k$$

换言之，这类系统输入的时（间）移（位）必将导致输出的相同时移。

顺便指出，移不变系统也称时不变系统（time-invariant system)。在以后的讨论中，术语“线性系统”有时简称“系统”，它们均指线性和移不变系统，除非另有指定。

根据系统输出是否与以前的输入有关（即是否具有记忆过去输入）的功能，离散系统分为无记忆系统和记忆系统。

无记忆系统 (memory less system): 若输出 $g(n)$ 的值只与 n 时刻的输入 $f(n)$ 有关，则称离散系统为无记忆系统。

记忆系统 (memory system): 输出 $g(n)$ 的值与 n 以前时刻的输入 $f(n-k)$，$k > 0$ 有关的系统称为记忆系统。特别地，若输出 $g(n)$ 只与有限个以前时刻的输入有关，则称之为有限记忆系统（finite memory system)，否则，为无限记忆系统（infinite memory system)。

根据是否需要使用以前时刻的输出 $g(n-k)$，$k > 0$ 才能递推求出系统输出 $g(n)$，离散系统又分为递推和非递推系统。

递推系统（recursive system): 输出 $g(n)$ 与以前时刻的输出 $g(n-k)$，$k > 0$ 有关的离散系

统称作递推系统。

非递推（non recursive system): 输出 $g(n)$ 与以前时刻的输出 $g(n-k)$，$k>0$ 无关的离散系统称为非递推系统。

无记忆非递推系统：输出只与当前时刻的输入 $f(n)$ 有关，而与以前时刻的输入 $g(n-k)$，$k>0$ 及输出 $f(n-k)$，$k>0$ 无关。

例 1. 3. 1 $s(n)=a_2f(n)$ 和 $g(n)=nf(n)$ 分别是线性和非线性的无记忆非递推系统。

无记忆递推系统：输出除了与当前时刻的输入 $f(n)$ 有关外，还与以前时刻的输出 $f(n-k)$，$k>0$ 有关，但与过去时刻的输入 $f(n-k)$，$k>0$ 无关。

例 1. 3. 2 输出满足差分方程 $g(n)+a_1g(n-1)+\cdots+a_pg(n-p)=f(n)$ 的系统是一个典型的无记忆递推系统。

记忆非递推系统：输出与以前时刻的输入 $f(n-k)$，$k>0$ 有关，但与以前时刻的输出 $g(n-k)$，$k>0$ 无关。

例 1. 3. 3 输出满足差分方程

$$g(n)=f(n)+b_1f(n-1)+\cdots+b_qf(n-q)$$

的系统是一个典型的记忆非递推系统。

记忆递推系统：输出 $g(n)$ 既与以前时刻的输入 $f(n-k)$，$k>0$ 有关，又与以前时刻的输出 $g(n-k)$，$k>0$ 有关。

例 1.3. 4 输出为 $g(n)+a_1g(n-1)+\cdots+a_pg(n-p)=f(n)+b_1f(n-1)+\cdots+b_qf(n-q)$ 的系统是一个典型的记忆递推系统。

三、冲激响应

系统对冲激信号的响应简称冲激响应，用 $h(n)$ 表示，即有

$$L[\delta(n)]=h(n)$$

注意，一个系统的冲激响应 $h(n)$ 对 $n<0$ 不一定为零。类似于模拟因果系统的定义，若

$$h(n)=0,\quad n<0$$

则称该系统为离散因果系统。

一个线性的移不变系统的冲激响应具有移不变性

$$L[\delta(n-k)]=h(n-k)$$

和线性

$$L[f(k)\delta(n-k)]=f(k)h(n-k)$$

于是，由冲激函数的性质 $f(n)=\sum_{k=-\infty}^{\infty}f(k)\delta(n-k)$ 知，系统输出为

$$g(n)=L\left[f(n)\right]=\sum_{k=-\infty}^{\infty}f(k)L\left[\delta(n-k)\right]=\sum_{k=-\infty}^{\infty}f(k)h(n-k)$$

最后一项是 $f(n)$ 与 $h(n)$ 的（离散）卷积和 $f(n)*h(n)$，因此，一个线性移不变系统的输出等于输入和冲激响应的卷积和：

$$g(n)=f(n)*h(n)=\sum_{k=-\infty}^{\infty}f(k)h(n-k)=\sum_{k=-\infty}^{\infty}f(n-k)h(k)$$

如图 1-3-4 所示。

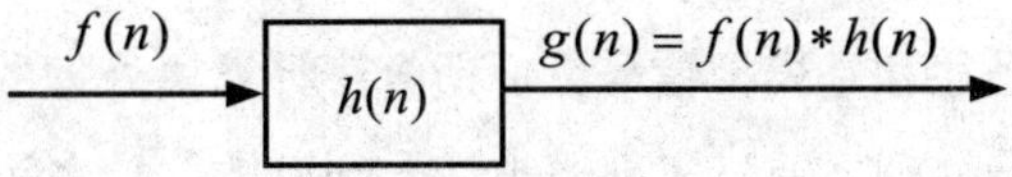

图 1-3-4　系统输出的离散卷积表示

例 1.3.5 系统输入和冲激响应为 $f(n)=U(n)-U(n-4)=h(n)$，求系统输出 $g(n)$。

解： 系统输入和冲激响应可以等价写作

$$f(n)=h(n)=\begin{cases}1, & 0\leqslant n\leqslant 3\\ 0, & \text{其他}\end{cases}$$

于是，

$$\begin{aligned}g(n)&=\sum_{-\infty}^{\infty}f(n-k)h(k)\\&=f(n)h(0)+f(n-1)h(1)+f(n-2)h(2)+f(n-3)h(3)\end{aligned}$$

从而得

$$g(0)=1,\ g(1)=2,\ g(2)=3,\ g(3)=4,$$
$$g(4)=3,\ g(5)=2,\ g(6)=1,\ g(7)=g(8)=\cdots=0$$

上述结果又可合并表示为

$$g(n)=\begin{cases}n+1, & 0\leqslant n\leqslant 3\\ 7-n, & 3<n\leqslant 6\\ 0, & \text{其他}\end{cases}$$

图 1–3–5 分别画出了本例中的输入 $f(n)$、冲激响应 $h(n)$ 及输出 $g(n)$ 的波形。

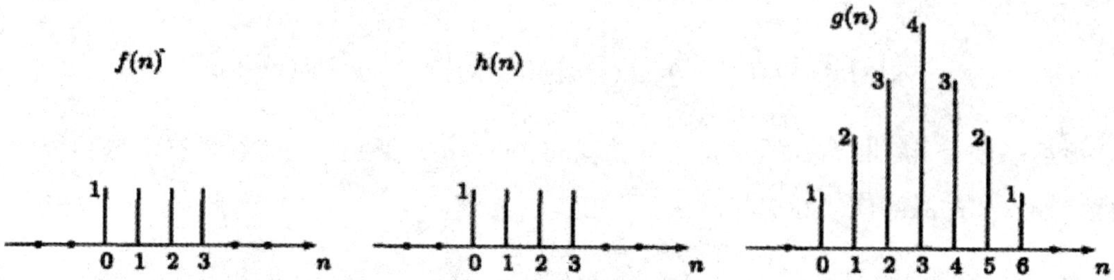

图 1-3-5　例 1.3.5 的系统输入、冲激响应和输出的波形

四、模拟系统的数字仿真

通常，观测到的信号往往是模拟信号，而适合于计算机处理的又是离散信号，这就需要在使用计算机进行信号处理之前，实现模拟信号到离散信号之间的转换。

将一模拟系统及其模拟输入、输出信号分别转换为离散系统和离散输入、输出信号的操作称为模拟系统的数字仿真。模拟系统的数字仿真必须满足仿真条件

$$\text{若 } f(n)=f(nT)\text{，则 } g(n)=g(nT)$$

即，若模拟系统 $H_a(w)$ 的输入为 $f(t)$，输出为 $g(t)$，则希望所设计的离散系统满足下列要求：其输入等于 $f(t)$ 在离散时刻 nT 的采样值 $f(nT)$，并且相应的输出是 $g(n)$ 的采样值 $g(nT)$，其中 r 为采样周期。注意，采样频率 $1/T$ 应该满足 Nyquist 采样定理，即 $1/T\geqslant 2f_{\max}$，其中 $f_{\max}$ 是模拟输入信号的最高频率。

如果满足仿真条件式的离散系统 $H(z)$ 存在，则称它是模拟系统 $H_a(w)$ 的数字仿真器。一般情况下，仿真条件式并不会对任意输入 $f(t)$ 都成立。下面考查何种输入 $f(t)$ 才可能使仿真条件式成立。

令模拟系统 $H_a(w)$ 的输入 $f(t)$ 是一具有 Fourier 变换 $F(w)$ 的任意模拟信号，则有

$$f(t)=\frac{1}{2\pi}\int_{-\infty}^{\infty}F(\omega)\mathrm{e}^{\mathrm{j}\omega t}\mathrm{d}\omega$$

$$f(n)=f(nT)=\frac{1}{2\pi}\int_{-\infty}^{\infty}F(\omega)\mathrm{e}^{\mathrm{j}n\omega T}\mathrm{d}\omega$$

由于模拟输出 $g(t)$ 的 Fourier 变换 $G(w)=F(w)Ha(w)$，故有

$$g(t)=\frac{1}{2\pi}\int_{-\infty}^{\infty}F(\omega)H_a(\omega)\mathrm{e}^{\mathrm{j}\omega t}\mathrm{d}\omega$$

和

$$g(n)=g(nT)=\frac{1}{2\pi}\int_{-\infty}^{\infty}F(\omega)H_a(\omega)\mathrm{e}^{\mathrm{j}n\omega T}\mathrm{d}\omega$$

另一方面，对于离散系统 $H(z)=H(\mathrm{e}^{\mathrm{j}\omega T})$ 而言，其输出 $g(n)$ 的 Fourier 变换 $G(w)$ 与输入 $f(n)$ 的 Fourier 变换 $F(w)$ 之间满足 $G(\omega)=F(\omega)H(\mathrm{e}^{\mathrm{j}\omega T})$ 关系，又有

$$g(n)=\frac{1}{2\pi}\int_{-\infty}^{\infty}F(\omega)H(\mathrm{e}^{\mathrm{j}\omega T})\mathrm{e}^{\mathrm{j}n\omega T}\mathrm{d}\omega$$

比较可知，欲使仿真条件成立，上式的积分应该对于所有 w 恒相等。为此，要求

$$H(\mathrm{e}^{\mathrm{j}\omega T})=H_a(\omega),\ \ \forall\omega$$

需要注意的是，上式并不是对任意的 w 总是成立。这是因为，$H(\mathrm{e}^{\mathrm{j}\omega t})$ 是 w 的周期函数，而 $Ha(w)$ 通常不是 w 的周期函数。为了满足仿真条件，对输入信号的种类就必须加以限制。

有限能量的信号 $f(t)$ 称为带限信号(band limited signal)，若其频谱只在频带内取非零值，即：

$$F(\omega)=0\,,\qquad 对|\omega|>\sigma$$

有时也称为 σ 带限的。

定理 1.3.1(仿真定理) 若模拟输入 $f(t)$ 为带限信号，且 $\sigma=\pi/T$，同时 $H(\mathrm{e}^{\mathrm{j}\omega t})$ 在带宽 $|w|<\sigma$ 内与模拟系统的系统函数 $Ha(w)$ 相等，即

$$H(\mathrm{e}^{\mathrm{j}\omega T})=H_a(\omega)\,,\qquad 对|\omega|<\sigma$$

则仿真条件式一定满足。

证明 由上式知 $F(\omega)H(\mathrm{e}^{\mathrm{j}\omega T})=F(\omega)H_a(\omega)$ 对所有 w 成立，因此，上式的积分对于每一个 n 均成立，从而 $g(n)=g(nT)$ 对每一个 n 成立，即仿真条件式满足。仿真定理表明：对于一个模拟的带限信号 $f(t)$，只要采样器的系统函数在带宽 $|w|<\sigma$ 内满足 $H(\mathrm{e}^{\mathrm{j}\omega T})=H_a(\omega)$，亦即满足式的条件，采样间隔为 T 的离散采样器就能够满足仿真条件式，从而可以用作为模拟系统 $H_a(w)$ 的数字仿真器。

作为仿真定理的一个重要应用，考虑系统函数 $H_a(w)$ 为周期函数 $H_a(\omega+c)=H_a(\omega)$ 的模拟系统，其中 c 为系统函数 $H_a(w)$ 的周期。

显然，若周期 c 选择满足 $T=2\pi/c$ 或者 $\sigma=c/2$，并且数字仿真系统 $H(\mathrm{e}^{\mathrm{j}\omega T})$ 由上式句确定，则 $H(\mathrm{e}^{\mathrm{j}\omega T})=H_a(\omega)$ 对所有频率 w 均成立。

系统函数 $H_a(w)$ 为周期函数的模拟系统称为梳状滤波器（comb filter)。

例 1. 3. 6 一模拟系统的输入 $f(t)$ 和输出 $g(t)$ 满足递推关系：

$$\frac{1}{T}\left[g(t)-g(t-T)\right]+\alpha g(t)=f(t)$$

求其系统函数 $H_a(w)$。

解：令输入为本征信号，即 $f(t)=e^{j\omega t}$，则输出 $g(t)=H_a(\omega)e^{j\omega t}$。将这一关系代入上式，则有

$$\frac{1}{T}H_a(\omega)e^{j\omega t}-\frac{1}{T}H_a(\omega)e^{j\omega(t-T)}+\alpha H_a(\omega)e^{j\omega t}=e^{j\omega t}$$

从而可求出系统函数为

$$H_a(\omega)=\frac{A}{1-re^{-j\omega T}}$$

其中

$$r=\frac{1}{\alpha T+1} \text{ 和 } A=\frac{T}{\alpha T+1}$$

显然，系统函数 $H_a(\omega)=\dfrac{A}{1-re^{-j\omega T}}$ 是周期为 $2\pi/T$ 的周期函数，因此该模拟系统是一梳状滤波器。

图 1–3–6 画出了系统函数 $H_a(\omega)=\dfrac{A}{1-re^{-j\omega T}}$ 的幅值图 $|H_a(\omega)|=|H(e^{j\omega T})|$。由图可以看出，系统函数的幅值图的形状宛如一把梳子，这就是为什么系统函数为周期函数的模拟系统被称作梳状滤波器的缘由。

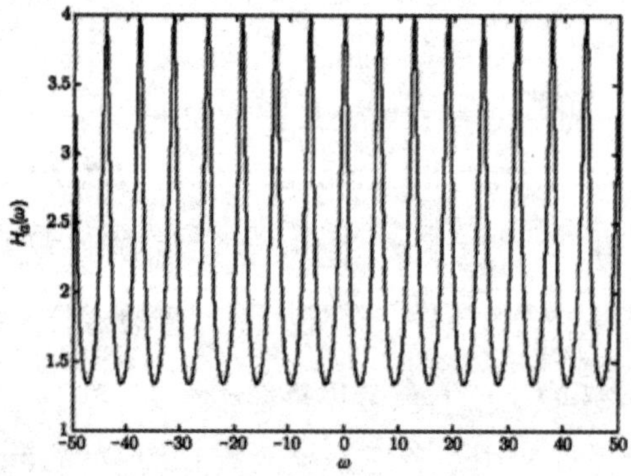

图 1-3-6　系统函数 $H_a(\omega)=\dfrac{A}{1-re^{-j\omega T}}$ 的幅值图

五、采样与内插

上面讨论了带限模拟信号的仿真定理。在许多应用中，希望用等间隔的采样值 $f(nT)$ 表示原来的模拟信号 $f(t)$。

求和函数

$$\tilde{f}(t)=\sum_{n=-\infty}^{\infty}Tf(nT)\delta(t-nT)$$

称为离散信号 $f(nT)$ 的内插函数。于是，$\tilde{f}(t)$ 的 Fourier 变换

$$\tilde{F}(\omega)=\sum_{n=-\infty}^{\infty}Tf(nT)\mathrm{e}^{-\mathrm{j}nT\omega}=\sum_{n=-\infty}^{\infty}F(\omega+2n\sigma),\ \sigma=\frac{\pi}{T}$$

是一周期函数，其中 $\tilde{F}(w)$ 是 $\tilde{f}(t)$ 的 Fourier 变换。

如果 $f(t)$ 是一个满足式的带限信号，则 $\tilde{F}(\omega)=F(\omega),|\omega|<\sigma$，因此，有

$$F(\omega)=\tilde{F}(\omega)p_{\sigma}(\omega),\ \forall\omega$$

式中

$$p_{\sigma}(\omega)=\begin{cases}1, & |\omega|\leqslant\sigma\\ 0, & \end{cases}$$

是一个频率域的矩形窗函数。

上述讨论表明，如果 $f(t)$ 是一个带宽为 $|w|<\sigma$ 的带限模拟信号，而 $\tilde{f}(nT)$ 是对 $f(t)$ 等间隔采样的离散信号，则 $f(t)$ 的频谱 $F(w)$ 与 $f(nT)$ 的内插信号 $f(t)$ 的频谱 $\tilde{F}(W)$ 在带宽 $|w|<\sigma$ 内相等。换言之，可以使用等间隔采样 $f(nT)$ 的内插信号作为带限模拟信号 $f(t)$ 的离散时间表示。

第四节　Z 变换与离散系统分类

对于模拟信号与系统的分析，Fourier 变换是一种不可或缺的数学工具。与之类似，离散信号与系统的理论分析也离不开 z 变换这一数学工具。在本节将介绍 z 变换以及基于 z 变换的离散系统的分类与分析。

一、z 变换

对于实或复变量 z，若级数

$$F(z)=\sum_{n=-\infty}^{\infty}f(n)z^{-n} \tag{1.4.1}$$

收敛，则称 $F(z)$ 为离散序列 $f(n)$ 的 z 变换，并称

$$f(n)=\frac{1}{2\pi\mathrm{j}}\oint_{c}F(z)z^{n-1}\mathrm{d}z \tag{1.4.2}$$

为 $F(z)$ 的 z 逆变换，其中 c 为顺时针方向的收敛区的闭合回路。

序列 $f(n)$ 和级数 $F(z)$ 构成 z 变换对，常用符号简记之。

z 变换的逆变换：z 变换的逆变换简称 z 逆变换。z 逆变换问题的提法是：给定一 z 变

换 $F(z)$，求离散序列 $f(n)$，使得其 z 变换与给定的 z 变换 $F(z)$ 相同。z 逆变换的通常求法是：先在收敛区域 R 内，将 $F(z)$ 作级数展开

$$F(z)\sum_{n=-\infty}^{\infty}c(n)z^{-n},\quad z\in R \tag{1.4.3}$$

则 $f(n)$ 由展开系数 $c(n)$ 唯一确定，即 $f(n)=c(n)$，$n=0$，$\pm l$，± 2，…。

对于给定的 z 变换 $F(z)=1+a_1z^{z-1}+a_2z^{-2}+\cdots+a_pz^{-p}$，有 $f(0)=1$，$f(n)=a_n$，$n=1$，…，p；而对于其他 n，恒有 $f(n)=0$，即有

$$f(n)=\begin{cases}1, & n=0\\ a_n, & n=1,\cdots,p\\ 0, & 其他\end{cases} \tag{1.4.4}$$

特别地，若 $z=\mathrm{e}^{\mathrm{j}\omega T}$，则由 z 变换定义式（1.4.1) 知

$$F(\mathrm{e}^{\mathrm{j}\omega T})=\sum_{n=-\infty}^{\infty}f(n)\mathrm{e}^{-\mathrm{j}n\omega T}$$

即是说，在单位圆 $z=\mathrm{e}^{\mathrm{j}\omega T}$ 上，$F(z)$ 是 w 的周期函数，并且其周期为 $2\pi/T$，Fourier 级数的系数为 $f(n)$。因此，有 z 逆变换公式

$$f(n)=\frac{1}{2\pi\mathrm{j}}\oint_{\mathrm{c}}F(z)z^{n-1}\mathrm{d}z\Big|_{z=\mathrm{e}^{\mathrm{j}\omega T}}=\frac{1}{2\sigma}\int_{-\sigma}^{\sigma}F(\mathrm{e}^{\mathrm{j}\omega T})\mathrm{e}^{\mathrm{j}n\omega T}\mathrm{d}\omega,\ \sigma=\frac{\pi}{T} \tag{1.4.5}$$

z 变换具有以下重要性质。

性质 1（时移性质）：若 $f(n)\leftrightarrow F(z)$，则对于任意整数 k，有

$$f(n-k)\leftrightarrow z^{-k}F(z) \tag{1.4.6}$$

证明

$$\sum_{n=-\infty}^{\infty}f(n-k)z^{-n}=\sum_{m=-\infty}^{\infty}f(m)z^{-(m+k)}=z^{-k}F(z)$$

性质 2（卷积性质）：若 $f_1(n)\leftrightarrow F_1(z)$ 和 $f_2(n)\leftrightarrow F_2(z)$，则

$$f_1(n)*f_2(n)=\sum_{k=-\infty}^{\infty}f_1(k)f_2(n-k)\leftrightarrow F_1(z)F_2(z) \tag{1.4.7}$$

证明

$$\begin{aligned}F(z)&=\sum_{n=-\infty}^{\infty}f_1(n)*f_2(n)z^{-n}=\sum_{n=-\infty}^{\infty}\sum_{k=-\infty}^{\infty}f_1f_2(n-k)z^{-n}\\&=\sum_{k=-\infty}^{\infty}f_1(k)z^{-k}\sum_{n=-\infty}^{\infty}f_2(n-k)z^{-(n-k)}=F_1(z)F_2(z)\end{aligned}$$

性质 3（共轭性）：若 $f(n)\leftrightarrow f(z)$，则。$f^*(-n)\leftrightarrow F^*(1/z^*)$

证明

$$\sum_{n=-\infty}^{\infty} f^*(-n)z^{-n}=\sum_{k=-\infty}^{\infty} f^*(k)z^{k}=\left[\sum_{k=-\infty}^{\infty} f(k)\left(\frac{1}{z^*}\right)^{-k}\right]^*=F^*(1/z^*)$$

性质 4(Parseval 等式）：若 $x(n)\leftrightarrow X(z)$ 和 $y(n)\leftrightarrow Y(z)$，则

$$\sum_{n=-\infty}^{\infty} x(n)y^*(n)=\frac{1}{2\sigma}\int_{-\sigma}^{\sigma} X(e^{j\omega T})Y^*(e^{j\omega T})d\omega \tag{1.4.8}$$

对任意 $T=\pi/\sigma$ 成立，即信号在时域的能量与频域的能量相等。

证明 由 z 变换的卷积公式（1.4.7) 和逆变换公式（1.4.5) 得

$$\sum_{n=-\infty}^{\infty} f_1(n)f_2(k-n)=\frac{1}{2\sigma}\int_{-\sigma}^{\sigma} F_1(e^{j\omega T})F_2(e^{j\omega T})e^{jk\omega T}d\omega$$

在上式中，令 $k=0$，$f_1(n)=x(n)$ 和 $f_2(-n)=y^*(n)$，并利用 z 变换的共轭性，则有 $F_1(z)=X(z)$ 和 $F_2(-n)=Y^*(1/z^*)$，上式给出式（1.4.8) 的结果。

特别地，当 $x(n)=y(n)$ 时，*Parseval* 等式变为

$$\sum_{n=-\infty}^{\infty} |x(n)|^2=\frac{1}{2\sigma}\int_{-\sigma}^{\sigma} |X(e^{j\omega T})|^2 d\omega \tag{1–4.9}$$

需要指出，若离散信号 $f(n)$ 是通过数字采样器对模拟信号的采样结果，则 $F(e^{jwT})$ 中的常数 T 等于采样间隔。然而，对于任意的离散信号 $f(n)$，常数 T 并无特别的含义，因此，为方便计，常在 $F(e^{jwT})$ 中令 $T=1$。此时，w 是 $z=e^{jw}$ 的相位，且 $\sigma=\pi$。

换言之，对于任意的离散信号 $x(n)$ 和 $y(n)$ 而言，Parseval 等式具有以下常用形式：

$$\sum_{n=-\infty}^{\infty} x(n)y^*(n)=\frac{1}{2\pi}\int_{-\pi}^{\pi} X(e^{j\omega})Y^*(e^{j\omega})d\omega \tag{1.4.10}$$

$$\sum_{-\infty}^{\infty} |x(n)|^2=\frac{1}{2\pi}\int_{-\pi}^{\pi} |X(e^{j\omega})|^2 d\omega \tag{1.4.11}$$

利用 z 变换的卷积性质以及线性离散系统输出的卷积表达式 $g(n)=f(n)*h(n)$ 易知，离散系统输出 $g(n)$ 的 z 变换 $G(z)$、输入 $f(n)$ 的 z 变换 $F(z)$ 和冲激响应 $h(n)$ 的 z 变换 $H(z)$ 之间有下述简单而重要的关系：

$$G(z)=F(z)H(z) \text{ 或者 } H(z)=\frac{G(z)}{F(z)} \tag{1.4.12}$$

特别地，系统输出的 z 变换与系统输入的 z 变换之比 $H(z)$ 称为系统函数。

例 1.4.1 一离散系统的输出 $g(n)$ 与输入 $f(n)$ 之间满足递推关系 $g(n)-\frac{1}{3}g(n-1)=f(n)$。

两边作 z 变换，则有

$$G(z)-\frac{1}{3}z^{-1}G(z)=F(z)$$

于是，系统函数为

$$H(z)=\frac{G(z)}{F(z)}=\frac{1}{1-\frac{1}{3}z^{-1}}=\frac{z}{z-\frac{1}{3}}$$

单边变换:离散序列 $f(n)$ 的 z 变换定义为函数 $f(n)z^{-n}$ 的双边无穷（从 $-\infty$ 到 $+\infty$）求和。在很多情况下，离散函数 $f(n)z^{-n}$ 的单边无穷求和

$$F_1(z)=\sum_{n=0}^{\infty}f(n)z^{-n} \tag{1.4.13}$$

也是非常有用的。称 $F_1(z)$ 是离散序列 $f(n)$ 的单边 z 变换。在这个意义上，z 变换实际上是 $f(n)$ 的双边 z 变换。显然，如果 $f(n)=0$，$\forall n<0$ 则离散序列 $f(n)$ 的单边 z 变换与其(双边）z 变换等同。根据定义，对于一个任意离散序列，由于

$$f(n)U(n)=\begin{cases}f(n), & n\geqslant 0\\ 0, & n<0\end{cases}$$

故 $f(n)$ 的单边 z 变换 $F_1(z)$ 就是 $f(n)U(n)$ 的 z 变换。

例 1. 4. 2 单位阶跃信号 $f(n)=U(n)$ 的 z 变换

$$F(z)=\sum_{n=-\infty}^{\infty}U(n)z^{-n}=\sum_{n=0}^{\infty}1+z^{-1}+z^{-2}+\cdots$$

这是一个公比为 z^{-1} 的等比级数的求和，易知当 $|z|>l$ 时，等比级数的和为

$$F(z)=\frac{1}{1-z^{-1}}=\frac{z}{z-1},\ |z|>1$$

由等比级数的求和公式

$$\sum_{n=0}^{\infty}a^{n}z^{-n}=\frac{1}{1-az^{-1}}=\frac{z}{z-a},\ |z|>a$$

知信号 $F(n)=a^nU(n)$ 的 z 变换

$$F(z)=\sum_{n=-\infty}^{\infty}a^{n}U(n)z^{-n}=\sum_{n=0}^{\infty}a^{n}z^{-n}=\frac{z}{z-a},\ |z|>a$$

换言之，信号 $a^nU(n)$ 和 $\dfrac{z}{z-a}$ 构成一个 z 变换对：

$$a^nU(n)\leftrightarrow\frac{z}{z-a},\ \ |z|>a \tag{1.4.14}$$

有了 z 变换这一数学工具，就可以很方便地对离散系统进行分类。

二、离散系统分类

冲激响应 $h(n)$ 的 z 变换

$$H(z)=\sum_{n=-\infty}^{\infty}h(n)z^{-n} \tag{1.4.15}$$

定义为离散系统的传递函数（transfer function) 或系统函数。

假定一线性系统的输入为等比数列 $f(n)=r^{n}$（又称几何数列），则由式（1.4.15) 知，系统的输出

$$g(n)=L\left|r^{n}\right|=\sum_{k=-\infty}^{\infty}f(n-k)h(k)=\sum_{k=-\infty}^{\infty}r^{n-k}h(k)=r^{n}\sum_{k=-\infty}^{\infty}h(k)r^{-k}$$

特别地，若 $r=z$ 为实数或复数，则上式直接给出

$$L\left[z^{n}\right]=H(z)z^{n} \tag{1.4.16}$$

这表明，$f(n)=z^{n}=e^{jwn}$ 是线性离散系统的本征信号，这与 $f(t)=e^{jwt}$ 是线性连续系统的本征信号是一致的，因为 $t=nT$，而采样间隔 T 通常取作 1。

离散系统的传递函数 $H(z)$ 既可以由式（1.4.15) 计算，也可以利用式（1.4.16) 求出。为了由式（1.4.16) 确定 $H(z)$，只需要令系统输入为本征信号 $f(n)=zn$ 即可，因为系统相应输出的 z 变换 $H(z)z^{n}$ 中 z^{n} 的系数即是 $H(z)$。

根据传递函数 $H(z)$ 的收敛性，可以对离散系统进行分类，为此，有必要先讨论 z 变换的收敛情况。

z 变换定义存在的条件是式(1.4.1) 的级数收敛。由复变函数理论知，Laurent 级数 (1.4.1) 的收敛区域 R 是由 $r^{1}<|z|<r^{2}$ 决定的圆环，如图 1.4.1 所示。收敛环的内半径 r_1 和外半径 r_2 分别取决于：

$$r_1=\overline{\lim_{n\to\infty}}\sqrt[n]{|f(n)|},\qquad r_2=\lim_{n\to\infty}\sqrt[n]{|f(-n)|} \tag{1.4.17}$$

在 $r_1<|z|<r_2$ 圆环内，函数 $F(z)$ 解析，即它的任意阶导数都存在。解析函数 $F(z)$ 的极点或任何其他奇异点都在收敛区域 R 之外。

当 $f(n)$ 为单边函数时，z 变换 $F(z)$ 的收敛区域 R 将具有以下特殊形状。

（一）正单边函数

若 $f(n)=0,\ \forall n<0$，则 $r_2=\infty$，因为 z 变换公式（1.4.1) 只有 z 的负次幂，即 $F(z)$ 是单边 z 变换 $F_2(z)=\sum_{n=-\infty}^{0}f(n)z^{-n}$。此时，收敛区 $R=R_1$ 是半径为 r_1 的圆的外环 $|z|>r_1$，参见图 1-4-1(b) 所示。

(二)负单边函数

若 $f(n)=0,\ \forall n>0$,则 $r_1=0$,因为变换公式(1.4.1)只有 z 的正次幂,即 $F(z)$ 是负单边的 z 变换 $F_1(z)=\sum_{n=-\infty}^{0} f(n)z^{-n}$。此时,收敛区 $R=R_2$ 是半径为 r_2 的圆的内环 $|z|>r_2$,如图 1–4–1(c)所示。

考虑一线性因果系统 $H(z)=\dfrac{B(z)}{A(z)}=\sum_{n=0}^{\infty} h(n)z^{-n}$。按照解析函数的术语解释,使得 $H(\beta_i)=0$ 或 $B(\beta_i)=0$ 的值 β_i 称为传递函数 $H(z)$ 的零点,而使得 $H(\alpha_i)=\infty$ 或 $A(\alpha_i)=\infty$ 的值 α_i 称为传递函数的极点。

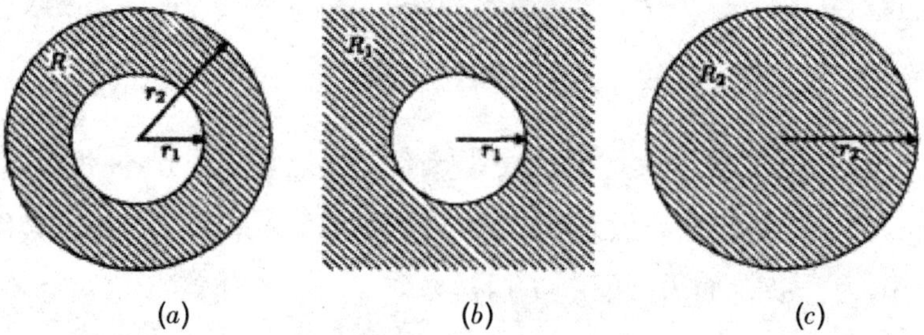

图 1-4-1 收敛区

一个线性系统称为有界输入—有界输出(bounded input–bounded output,BIBO)稳定的,若系统的有界输入必导致相应的输出 $g(n)=f(n)*h(n)$ 有界。

BIBO 稳定性也称系统的外部稳定性,简称稳定性。

考虑线性系统 $H(z)$ 稳定的条件。一般情况下,系统输出为复值,取其模,则由系统输出的卷积表示:

$$|g(n)|=\left|\sum_{k=-\infty}^{\infty} h(k)f(n-k)\right|\leqslant \sum_{k=-\infty}^{\infty}|h(k)f(n-k)|\leqslant C\sum_{k=-\infty}^{\infty}|h(k)|$$

式中,使用了复数模的性质 $|h(k)f(n-k)|=|h(k)|\cdot|f(n-k)|$ 和输入有界的假设条件 $|f(n)|\leqslant C,\ \forall n$。显然,为了保证输出有界,即 $|g(n)|\leqslant D$ 系统的冲激响应必须满足条件

$$\sum_{n=-\infty}^{\infty}|h(n)|<\infty \tag{1.4.18}$$

这一条件称为系统冲激响应的绝对可求和(absolutely summable)条件。重要的是,上式可以保证系统传递函数

$$H(z)=\sum_{n=-\infty}^{\infty} h(n)z^{-n} \tag{1.4.19}$$

在单位圆上的任何一点 $|z_i|=l$ 都是有界的:

$$|H(z_i)|=\left|\sum_{n=-\infty}^{\infty}h(n)z_i^{-n}\right|\leqslant\sum_{n=-\infty}^{\infty}\left|h(n)z_i^{-n}\right|=\sum_{n=-\infty}^{\infty}|h(n)|<\infty$$

式中利用了复数模的性质$\left|h(n)z_i^{-n}\right|=|h(n)|\cdot\left|z_i^{-n}\right|=|h(n)|\cdot|z_i|^{-n}$和已知条件 $|z_i|=l$。实际上，式（1.4.18）还可保证系统传递函数在单位圆 $|z|=1$ 上是解析的。注意，系统传递函数 $H(z)$ 在单位圆上解析，可等价叙述为：传递函数 $H(z)$ 在单位圆上无任何极点。

总结以上讨论，可以得出结论：若线性系统的冲激响应满足绝对可求和条件式 (1.4.18)，或等价为 $H(z)$ 在单位圆上没有任何极点，则该系统是（BIBO) 稳定的。

下面考虑线性系统的两个特例。

（三）线性因果系统（causal system）

根据稳定性理论，对于一个线性因果系统

$$H_1(z)=\sum_{n=0}^{\infty}h(n)z^{-n} \tag{1.4.20}$$

若冲激响应是绝对可求和的：

$$\sum_{n=0}^{\infty}|h(n)|<\infty \tag{1.4.21}$$

则系统是稳定的。上式可以保证式(1.4.20) 所示的 Laurent 级数展开对所有$|z|\geqslant 1$收敛。这意味着函数 $H_1(z)$ 在单位圆上和单位圆外是解析的。换言之，线性因果系统 $H_1(z)$ 在单位圆上和单位圆外没有极点，即 $H_1(z)$ 的所有极点都必须位于单位圆内。

在系统理论中，若

$$\sum_{n=0}^{\infty}n|h(n)|<\infty \tag{1.4.22}$$

则称因果系统是严格稳定系统（strictly stable system)。不过，对于一个 z 的有理式函数 $H(z)$ 而言，稳定性和严格稳定性二者等价：稳定性意味着严格稳定性；反之，严格稳定性也意味着稳定性。

（四）线性反因果系统（anti–causal system）

将线性因果系统的稳定性理论推广到线性反因果系统可得：

$$H_2(z)=\sum_{n=-\infty}^{1}h(n)z^{-n} \tag{1.4.23}$$

易知，若其冲激响应是绝对可求和的：

$$\sum_{n=-\infty}^{1}|h(n)|<\infty \tag{1.4.24}$$

则系统是稳定的。上式可以保证式（1.4.23) 的 Laurent 级数展开对所有$|z|\leqslant 1$收敛。这

意味着函数 $H_2(z)$ 在单位圆上和单位圆内是解析的。就是说，线性反因果系统乐在单位圆上和单位圆内均无极点，即 $H_2(z)$ 的所有极点都必须位于单位圆外。

事实上，一个线性系统的传递函数 $H_2(z)$ 可以分解为因果部分 $H_1(z)$ 与反因果部分 $H_2(z)$ 之和：

$$H(z)=\sum_{n=-\infty}^{\infty}h(n)z^{-n}=\sum_{n=0}^{\infty}h(n)z^{-n}+\sum_{n=-\infty}^{1}h(n)z^{-n}=H_1(z)+H_2(z)$$

具有这种一般形式的线性系统称为非因果系统（non-causal system)。

综合以上结果，可以得出以下两个重要结论：

(1) 稳定性条件：任何一个线性系统 $H(z)$ 的稳定性都要求其冲激响应满足绝对可求和条件，或者 $H_2(z)$ 在单位圆上没有任何极点。

(2) 系统分类：利用系统传递函数 $H(z)$ 可对系统进行以下分类：

①因果系统：所有极点在单位圆内的线性系统。

②反因果系统：全部极点在单位圆外的线性系统。

③非因果系统：一部分极点在单位圆内，另一部分极点在单位圆外的线性系统。

④最小相位系统：所有零点在单位圆内的线性系统。

⑤最大相位系统：所有零点在单位圆外（与单位圆上）的线性系统。

⑥非最小相位系统（也称混合相位系统）：最小相位和最大相位混合的系统。

有必要指出，传递函数的零点允许位于单位圆上，因为传递函数的解析只与其极点的分布有关，而与零点的位置无关。然而，当希望使用某个线性系统的逆系统（例如，设计接收信号的白化滤波器或进行均衡）时，就必须要求原线性系统的零点不得位于单位圆上。这是因为，线性系统的零点是逆系统的极点，而逆系统的稳定性要求其不得有单位圆上的任何极点。

第二章 Fourier 分析与频谱估计

信号分析的一个基本原则是“化繁为简”：将复杂信号或波形分解为许多简单信号或波形的叠加。正弦波（实谐波）或指数函数（复谐波）就是一种最经常使用的简单信号。把一个复杂的信号分解为许多谐波的叠加，这就是信号的 Fourier 分析的基本思想。Fourier 分析是信号分析与处理的理论基础。当然，我们也可以选择将复杂信号分解为其他简单信号的叠加。基于方波的信号分解构成了信号的 Walsh 函数分析，它在信号分析与处理中也有着重要的应用。不过，本章只讨论 Fourier 分析——复杂信号的谐波分解。

第一节 离散时间 Fourier 变换

实际的复杂信号往往是在整个时间轴（$-\infty$，$+\infty$）上出现的非周期信号。为了解决这种无限区间的非周期信号的谐波分解问题，我们仍然需要“化繁为简”：把无限区间转化为有限区间，非周期函数转化为周期函数来处理。

无限区间和有限区间既是矛盾的，又是统一的。对时间轴而言，它们是整体与局部的关系，但它们又可以互相转化。这是因为当时间 N 增大到无穷（即 $N\to+\infty$）时，有限区间 $[-N, N]$ 便转化为无限区间（$-\infty$，$+\infty$）。类似地，非周期信号和周期信号也是既矛盾又统一的：它们有着本质的差别，但也可以互相转化，即当周期 T 增大到无限大（即 $T\to+\infty$）时，一个周期为 T 的周期信号便转化为非周期信号。此外，一个有限区间的非周期信号也可以采取延拓的方法，将其转变为周期信号。

上述转化的思路启迪我们，为了讨论无限区间的非周期离散信号的 Fourier 分析，应该遵循“从简到繁，从特殊到一般”的处理原则：先讨论周期离散信号的 Fourier 变换；然后针对在有限区间 $[-N, N]$ 定义的非周期信号将其延拓为周期为 N 的周期信号，得到其 Fourier 变换；最后，令周期 $N\to+\infty$，则周期无穷的周期信号就是在无穷区间 $n\in[-N, N]$ 定义的一般非周期信号，进而推导出任意离散信号的 Fourier 变换。

一、周期信号的表示

假定离散信号是一个周期为 N 的周期信号，即满足 $x(n)=x(n+iN)$，$i=\pm1$，±2，…。

考虑周期信号 $x(n)$，$n=0$，1，…，$N-1$ 的表示：

$$x(n)=\sum_{k=0}^{N-1}a_k e^{jk(2\pi/N)n},\quad n=0,1,\cdots N-1 \tag{2.1.1}$$

于是对于 n=0，1，…，N–1 和任意正整数 i，有

$$x(n+iN)=\sum_{k=0}^{N-1}a_k e^{jk(2\pi/N)(n+iN)}=\sum_{k=0}^{N-1}a_k e^{jk(2\pi/N)n}\cdot e^{jki2\pi}=x(n)$$

这表明，式（2.1.1) 可以用于周期信号 $x(n)$ 的完整表示。

级数表达式 (2.1.1) 称为周期信号 $x(n)$ 的离散时间 Fourier 级数 (discrete–time Fourier series); 系数 a_k 称作 Fourier(级数）系数，由

$$a_k=\frac{1}{N}\sum_{n=0}^{N-1}x(n)e^{-jk(2\pi/N)n},\quad k=0,1,\cdots,N-1 \tag{2.1.2}$$

决定。式 (2.1.2) 称为离散信号 $x(n)$ 的离散时间 Fourier 变换（discrete–time Fourier transformation)，英文缩写 DTFT。

二、非周期信号的表示

令 $x(n)$ 是一个有限区间的非周期信号

$$x(n)=0,\ |n|>N_1 \,(2.1.3)$$

为了表示这一信号，我们先将它延拓成一个周期为 N(其中 $N>N_1$）的周期信号 $\tilde{x}(n)$

$$\tilde{x}(n)=\begin{cases}x(n), & n=0,1,\cdots,N_1\\ 0, & n=N_1+1,\cdots,N-N_1-1\\ X(n-N), & n=N-N_1,\cdots,N-1\end{cases} \tag{2.1.4}$$

参见图 2–1–1。

将式（2.1.1) 和式（2.1.2) 分别应用于延拓后的周期信号 $\tilde{x}(n)$，便分别得到延拓周期信号的离散时间 Fourier 级数表达式

$$\tilde{x}(n)=\sum_{k=0}^{N-1}a_k e^{jk(2\pi/N)n},\quad n=0,1,\cdots,N-1 \tag{2.1.5}$$

和离散时间 Fourier 变换

$$a_k=\frac{1}{N}\sum_{k=0}^{N-1}\tilde{x}(n)e^{-jk(2\pi/N)n}=\frac{1}{N}\sum_{n=-\infty}^{\infty}x(n)e^{-jk(2\pi/N)n} \tag{2.1.6}$$

其中 k=0，1，…，N–1。

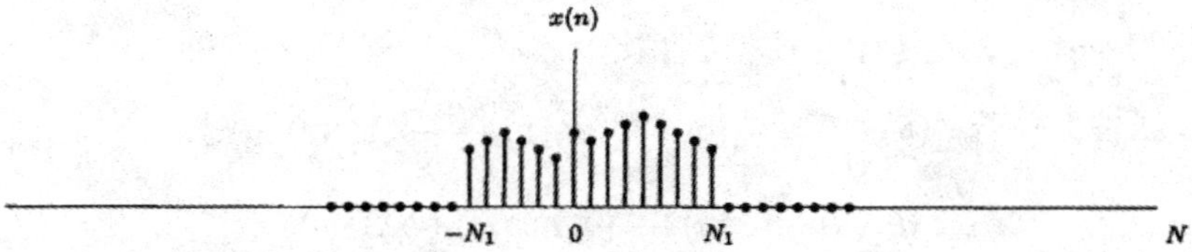

(a) 有限区间信号

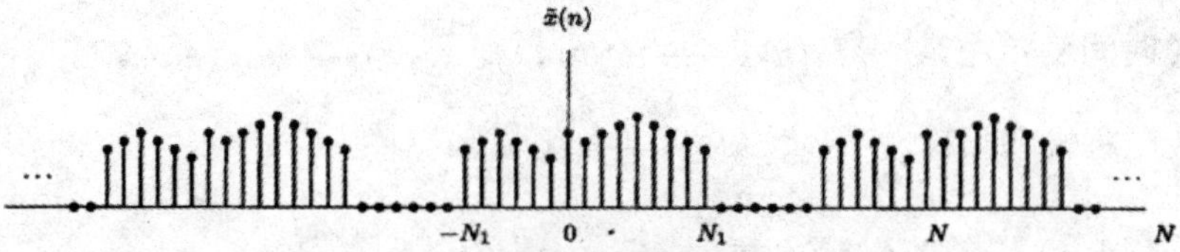

(b) 延拓后的周期信号

图 2-1-1 有限区间信号和延拓后的周期信号

若令 $\omega_0=2\pi/N$，$\omega=k\omega_0=k2\pi/N$ 和 $X(\omega)=Na_k$，则式（2.1.5) 和式（2.1.6) 可分别改写为

$$\tilde{x}(n)=\frac{1}{2\pi}\sum_{k=0}^{N-1}X(\omega)\mathrm{e}^{\mathrm{j}\omega n} \tag{2.1.7}$$

$$X(\omega)=\sum_{n=-\infty}^{\infty}x(n)\mathrm{e}^{-\mathrm{j}\omega n} \tag{2.1.8}$$

令 $N\to\infty$，周期信号便与无限区间的非周期信号 $x(n)$ 等价，即有 $x(n)=\tilde{x}(n)$；另有 $\omega_0=2\pi/N\to 0$，不妨用 $\mathrm{d}w$ 代表这一无穷小量。于是，式（2.1.7) 的求和变成积分：

$$x(n)=\frac{1}{2\pi}\int_0^{2\pi}X(\omega)\mathrm{e}^{\mathrm{j}\omega n}\mathrm{d}\omega$$

上式和式（2.1.8) 可以合并写作一离散时间 Fourier 变换对

$$X(\omega)=\sum_{n=-\infty}^{\infty}x(n)\mathrm{e}^{-\mathrm{j}\omega n} \tag{2.1.9}$$

$$x(n)=\frac{1}{2\pi}\int_0^{2\pi}X(\omega)\mathrm{e}^{\mathrm{j}\omega n}\mathrm{d}\omega \tag{2.1.10}$$

习惯使用符号 $x(n)\xleftrightarrow{F}X(\omega)$ 表示 $x(n)$ 与 $X(w)$ 构成一个离散时间 Fourier 变换对，其中 $x(n)\xrightarrow{F}X(\omega)$ 代表离散时间 Fourier 变换，而 $x(n)\xleftarrow{F-1}X(\omega)$ 表示离散时间 Fourier 逆变换。

三、离散时间 Fourier 变换的性质

离散时间 Fourier 变换具有以下常见性质。

性质 1（线性）：若 $x_1(n) \xleftrightarrow{F} X_1(\omega)$ 和 $x_2(n) \xleftrightarrow{F} X_2(\omega)$，则

$$ax_1(n)+bx_2(n) \xleftrightarrow{F} aX_1(\omega)+bX_2(\omega) \tag{2.1.11}$$

性质 2（对称性）：若 $x(n)$ 为实信号，则 $X(w)=X(-w)$。即是说，$X(w)$ 的实部 Re $|X(w)|$ 是 w 的偶函数，而虚部 Im$[X(w)]$ 是 w 的奇函数。

性质 3（时间反转性）：若 $x(n) \xleftrightarrow{F} X(\omega)$，则 $x(-n) \xleftrightarrow{F} X(-\omega)$。

性质 4（时移性和频移性）：若 $x(n) \xleftrightarrow{F} X(\omega)$，则

$$x(n-n_0) \xleftrightarrow{F} \mathrm{e}^{-\mathrm{j}\omega n_0} X(\omega)\ （时移性） \tag{2.1.12}$$

$$\mathrm{e}^{\omega_0 n} x(n) \xleftrightarrow{F} X(\omega-\omega_0)\ (频移性) \tag{2.1.13}$$

性质 5（频率微分性）：若 $x(n) \xleftrightarrow{F} X(\omega)$，则

$$nx(n) \xleftrightarrow{F} \mathrm{j}\frac{\mathrm{d}X(\omega)}{\mathrm{d}\omega} \tag{2.1.14}$$

性质 6（卷积性）：两个信号卷积的离散时间 Fourier 变换等于这两个信号各自离散时间 Fourier 变换的乘积，即

$$x(n)y(n) \xleftrightarrow{F} X(\omega)Y(\omega) \tag{2.1.15}$$

根据这一性质，当冲激响应为 $h(n)$ 的线性离散系统受到离散信号 $x(n)$ 激励时，系统输出 $y(n)=x(n)*h(n)$ 的离散时间 Fourier 变换 $Y(w)=X(w)H(w)$，其中 $X(w)$，$H(w)$ 和 $Y(w)$ 分别是 $x(n)$，$h(n)$ 和 $y(n)$ 的离散时间 Fourier 变换。

第二节 Fourier 分析

随机变量 x 的数学期望（或均值）定义为随机变量 x 与其概率密度函数 $fx(x)$ 的乘积 x $f_x(x)$ 的积分

$$E\{x\}=\int_{-\infty}^{\infty} xf_x(x)\mathrm{d}x \tag{2.2.1}$$

若 $g(x)$ 是随机变量 x 的函数，而 $f_x(x)$ 是随机变量的概率密度函数，则函数 $g(x)$ 的均值定义为

$$E\{g(x)\}=\int_{-\infty}^{\infty} g(x)f_x(x)\mathrm{d}x \tag{2.2.2}$$

随机信号 $x(t)$ 的均值记作 η_x，定义为

$$\eta_x = E\{x(t)\} \tag{2.2.3}$$

均值是一阶统计量。如果我们将式（2.2.2) 中的被积分函数 $g(x)$ 和积分核函数 $f_x(x)$ 分别用连续随机信号 $x(t)$ 和指数核函数 e^{-jwt} 代替，则可以将随机信号的 Fourier 变换或频谱

$$X(\omega) = \int_{-\infty}^{\infty} x(t)e^{-j\omega t}dt \tag{2.2.4}$$

视为一种与均值相对应的一阶统计量。

一、信号的 Fourier 分析

上一节的式（2.1.9) 和式（2.1.10) 组成一个变换对，它描述了非周期离散信号 $x(n)$ 与其频谱之间的转换关系。这一转换关系的分析称为信号的 Fourier 分析。在本节中，信号的一阶统计分析主要指信号的 Fourier 分析。

信号的 Fourier 分析由信号分析和信号综合两部分组成。

信号分析：由原信号 $x(n)$ 求频谱 $X(w)$，进而获得信号 $x(n)$ 的各次谐波的过程称为信号分析。实现这一过程的式 (2.1.9) 称为分析方程（analysis equation)。

信号综合：由已知信号的频谱 $X(w)$ 重构（也叫恢复或综合）原信号的过程称为信号综合（signal synthesis)。实现这一过程的式（2.1.10）称为综合方程（synthesis equation)。

显然，为了保证 $X(w)$ 有限大，无穷求和式（2.1.9）必须收敛，即

$$|X(w)| = \left|\sum_{n=-\infty}^{\infty} x(n)e^{-j\omega n}\right| \leqslant \sum_{n=-\infty}^{\infty} |x(n)| \cdot \left|e^{-j\omega n}\right| = \sum_{n=-\infty}^{\infty} |x(n)| < \infty$$

因此，频谱 $X(w)$ 存在的条件是：$x(n)$ 绝对可求和，即有

$$\sum_{n=-\infty}^{\infty} |x(n)| < \infty \tag{2.2.5}$$

二、幅值谱与相位谱

离散信号 $x(n)$ 的频谱 $X(w)$ 一般为复数，通常可以使用极坐标或者幅值—相位形式写作

$$(X(w) = |X(w)|e^{j\phi[X(w)]} \qquad 2.2.6)$$

其中，$|X(w)|$ 和 $\phi[X(w)]$ 分别称为离散信号 $x(n)$ 的幅值谱（amplitude spectrum) 和相位谱（phase spectrum)。特别地，将幅值谱的平方

$$A(w) = |X(w)|^2 \tag{2.2.7}$$

视为信号的能量谱密度。

观察式（2.1.9），我们可以把频谱 $X(w)$ 想象成无穷多个不同频率的周期复指数分量（复谐波分量）$x(n)e^{jwn}$ 的“求和”结果，而 N 次复谐波的频率为 nw，幅值为 $x(n)$。由于一次复谐波为谐波分解的基本谐波（简称基波），所以其频率 w 常称为基频，意即谐波分解的

基本频率。

幅值谱和相位谱给出信号的不同信息：

幅值谱 $|X(w)|$ 提供组成信号 $r(n)$ 的复谐波分量的相对幅值的信息；

相位谱 $\phi[X(w)]$ 给出这些复谐波分量所对应的相位的有关信息。

当相位函数 $\phi[X(w)]$ 取不同形式时，即使幅值谱相同，所得到的信号图形也可能大不相同。

考察连续时间信号

$$x(t)=1+\frac{1}{3}\cos(2\pi t+\phi_1)+\cos(4\pi t+\phi_2)+\frac{1}{2}\cos(5\pi t+\phi_3) \tag{2.2.8}$$

的以下四种不同相位情况：

1. $\phi_1=\phi_2=\phi_3=0$;

2. $\phi_1=4\text{rad},\ \phi_2=6\text{rad},\ \phi_3=10\text{rad}$;

3. $\phi_1=12\text{rad},\ \phi_2=5\text{rad},\ \phi_3=7\text{rad}$;

4. $\phi_1=1.4\text{rad},\ \phi_2=2.6\text{rad},\ \phi_3=5.2\text{rad}$。

虽然在这些不同的相位情况下，信号具有完全相同的幅值谱（参见图 2-2-1），但是它们的波形却相差非常明显，如图 2.2.2(a) ~ (b) 所示。

上述讨论表明，频谱 $X(f)$ 的相位函数 $\phi[X(w)]$ 的不同会导致信号时域表示的变化。

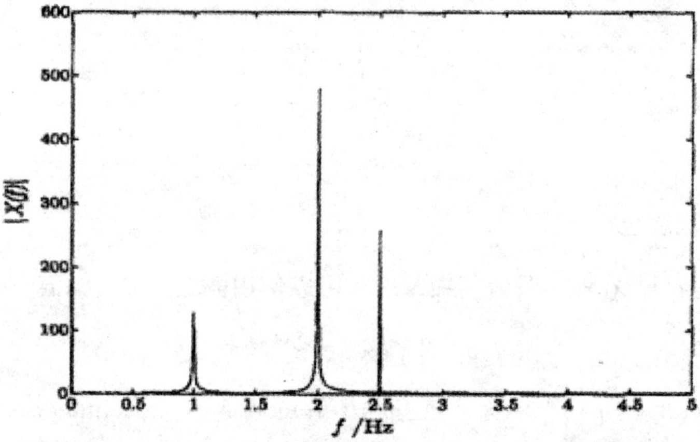

图 2-2-1 不同相位情况下信号相同的幅值谱

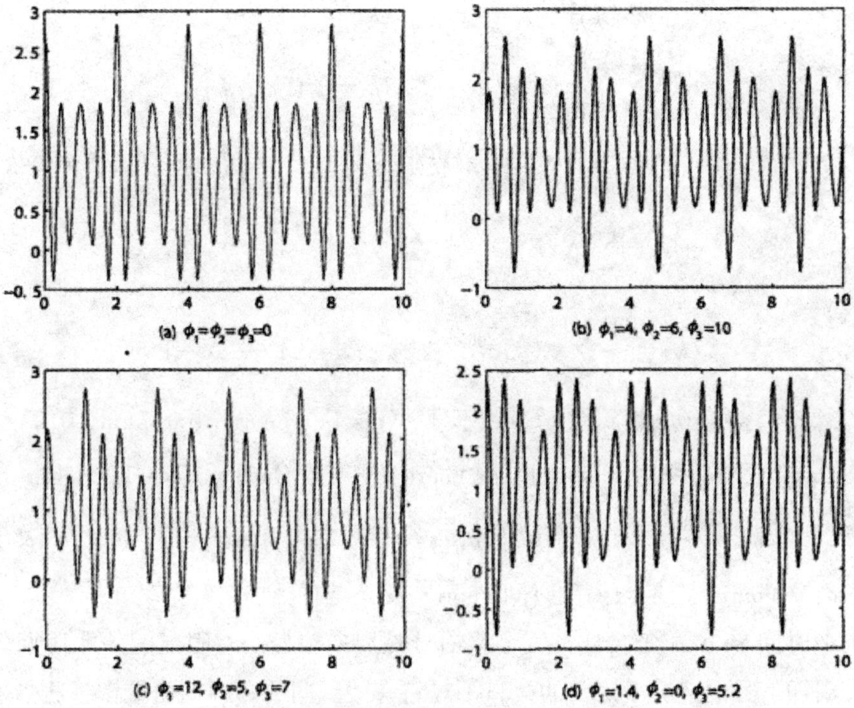

图 2.2.2　不同相位情况下信号：$c(n)$ 的波形

第三节　离散 Fourier 变换

前面讨论了周期信号和非周期信号的 Fourier 分析，离散时间 Fourier 级数与离散时间 Fourier 变换。注意到离散时间 Fourier 变换为积分，并且积分区间为（$-\infty$，∞），故难于用计算机实现。一个自然会问的问题是：对于一个实际应用中遇到的信号，我们如何对它进行处理，得到它的频谱呢？

在实际应用中，我们通常是通过仪器、传感器或天线等获得某个信号的观测数据的。若数据长度为 N_1，则可以将这些观测数据用离散时间序列 $x(n)$，$n=0$，1，…，N_1-1 表示。由于只有这些信号观测值可供利用，我们不妨假定其他未知时刻的信号值都等于零。于是，信号即可表示成一个在有限区间 $[0,\ N_1-1]$ 定义的信号：$x(n)=0,\ n\notin[0,N_1-1]$

将信号 $x(n)$，$n=0$，1，N_1-1 延长拓展为一周期信号 $\bar{x}(n)=x(n), n=0,1,\cdots\quad N_1-1$，其周期为 N。从快速计算的角度考虑，应该选择 $N\geqslant N_1$，且 $N=2^k$ 是 2 的某个整数幂。于是，由式（2.1.1）和式（2.1.2）知，周期信号 $x(n)$ 的离散时间 Fourier 级数和离散时间 Fourier 变换分别为

$$\bar{x}(n)=\sum_{k=0}^{N-1}a_k \mathrm{e}^{\mathrm{j}(2\pi/N)kn},\quad n=0,1,\cdots,N-1 \tag{2.3.2}$$

$$a_k=\frac{1}{N}\sum_{n=0}^{N-1}x(n)\mathrm{e}^{-\mathrm{j}(2\pi/N)kn},\quad k=0,1,\cdots,N-1 \tag{2.3.3}$$

但是由于 $\bar{x}(n)=x(n),n=0,1,\cdots,N-1$ ，故在令 $X(k)=a_k$ 之后，上述两式可等价写作

$$x(n)=\sum_{k=0}^{N-1}X(k)\mathrm{e}^{\mathrm{j}(2\pi/N)kn},\quad n=0,1,\cdots,N-1 \tag{2.3.4}$$

$$X(k)=\frac{1}{N}\sum_{n=0}^{N-1}x(n)\mathrm{e}^{-\mathrm{j}(2\pi/N)kn},\quad k=0,1,\cdots,N-1 \tag{2.3.5}$$

式中，$x(k)$ 称为 $x(n)$ 的离散 Fourier 变换（discrete Fourier transform，DFT)，简记作 $x(n)\xrightarrow{F}X(k)$ ；而 $x(n)$ 称为 $x(k)$ 的离散 Fourier 逆变换 (inverse discrete Fourier transform，IDFT)，简记为 $X(k)\xrightarrow{F-1}x(n)$ 。离散 Fourier 变换对常用符号 $x(n)\xleftrightarrow{F}X(k)$ 表示。

注意，离散 Fourier 变换与离散时间 Fourier 变换是有区别的：

（1）离散时间 Fourier 变换是在假定原信号是周期信号、有限区间的非周期信号或无穷区间的非周期信号的情况下定义的，只不过将有限区间的非周期信号作了适当延拓，使之变为周期信号。然而，离散 Fourier 变换却是在不知原信号的属性（周期或非周期信号，有限或无穷区间定义的信号），并且对信号做了有关三种近似假定的情况下定义的。这三种近似假定是：①由于观测误差或者观测噪声的影响，观测信号往往只是原始信号的近似；②观测时刻 $[0，N_1-1]$ 以外的信号值未必都等于零，但却假定 $x(n)=0$ ；③原始信号本身未必就是周期信号，但却假定它是周期为 N 的周期信号。

（2）离散时间 Fourier 变换 $X(w)$ 是连续频率变元 w 的函数，而离散 Fourier 变换 $X(k)$ 是离散频率变元 k 的函数。可以说，$X(w)$ 是一连续曲线，表示的是信号的真实频谱，而 $X(k)$ 只是一条条垂直的谱线，它们的包络提供信号频谱的估计结果。

（3）离散时间 Fourier 变换是一种信号分析工具，借助它对信号进行理论上的 Fourier 分析，而离散 Fourier 变换本质上是一种信号处理工具，它可以根据有限个观测信号值，估计出原信号的频谱。

当信号是实信号、偶信号或者奇信号时，它们的离散 Fourier 变换或者频谱具有以下性质。

（一）实信号的离散 Fourier 变换

若 $x(n)$ 为实信号，则 $X(k)=X^*(-k)$ 这意味着其离散 Fourier 变换的幅值具有对称性 $|X(k)|=|X(-k)|$，而相位则具有反对称性 $\phi[X(k)]=-\phi[X(-k)]$。或者说，离散 Fourier 变换的实部具有对称性 $Re[X(k)]=Re[X(-k)]$，虚部具有反对称性 $Im[X(k)]=-Im[X(-k)]$。

（二）偶信号的离散 Fourier 变换

无论 $x_e(n)=\frac{1}{2}\left[x(n)+x(-n)\right]$ 是实的偶信号，还是 $x_e(n)=\frac{1}{2}\left[x(n)+x^*(-n)\right]$ 为复的偶信号，它们的离散 Fourier 变换均取 $X(f_c)$ 的实部，即有 $Xe(k)=Re[X(k)]$。

（三）奇信号的离散 Fourier 变换

若 $x_0(n)=\frac{1}{2}\left[x(n)-x(-n)\right]$ 为实的奇信号，或者 $x_0(n)=\frac{1}{2}\left[x(n)-x^*(-n)\right]$ 为复的奇信号，则 $X_0(k)=jlm\left[X(k)\right]$。

（四）信号实部的离散 Fourier 变换

当 $y(n)=\mathrm{Re}\left[x(n)\right]$ 是 $x(n)$ 的实部时，其离散 Fourier 变换由

$$Y(k)=\frac{1}{2}\left[X(k)+X^*(-k)\right]$$

给出。

（五）信号虚部的离散 Fourier 变换

若 $y(n)=j\,\mathrm{Im}\left[x(n)\right]$ 是 $x(n)$ 的虚部，则其离散 Fourier 变换为

$$Y(k)=\frac{1}{2}\left[X(k)-X^*(-k)\right]$$

第四节 快速 Fourier 变换

在实际的信号处理中，自然希望能够有计算离散 Fourier 变换（DFT) 公式（2.3.5) 及其离散 Fourier 逆变换（IDFT) 公式（2.3.4) 的快速算法。为了书写和讨论的方便，令

$$W_N=\mathrm{e}^{-\mathrm{j}2\pi/N}$$

由于在很多应用中多计算 DFT，而较少计算 IDFT，所以常将 DFT 公式 (2.3.5) 中的定标因子 $1/N$ 改写到 IDFT 公式（2.3.4）中。于是，式（2.3.4) 和式（2.3.5) 变为

$$x(n)=\frac{1}{N}\sum_{k=0}^{N-1}X(k)W_N^{-nk},\ n=0,1,\cdots,N-1,\ W_N=\mathrm{e}^{-\mathrm{j}2\pi/N} \tag{2.4.1}$$

$$X(k)=\sum_{n=0}^{N-1}x(n)W_N^{nk},\ k=0,1,\cdots,N-1,\ W_N=\mathrm{e}^{\mathrm{j}2\pi/N} \tag{2.4.2}$$

不妨称它们为 N 阶离散 Fourier 变换对，并记作 $x(n)\overset{N}{\longleftrightarrow}X(k)$。

注意到 $W_N^{\pm(n+N)k}=W_N^{\pm nk}$ 和 $W_N^{\pm(k+N)n}=W_N^{\pm kn}$ 容易验证序列 $x(n)$ 和 $X(k)$ 都是周期序列：

$$x(n+N)=x(n)\text{和}X(k+N)=X(k) \tag{2.4.3}$$

由于乘法比加法费时，所以在考虑某种算法的复杂度时，通常只考虑其乘法次数。容易验证，直接利用 DFT 公式（2.4.2) 计算 A=0，1，…，N–1 需要 N^2 次复数乘法运算。那么，是否能够大大减少 DFT 计算中的复数乘法次数呢？答案是肯定的。

特别地，我们来考虑 $N=2^m$ 和 $2N$ 阶离散 Fourier 变换 $X(k)$ 的计算：

$$x(n)\xleftrightarrow{2N}X(k)$$

此时，$X(k)$，k=0，l，…，$2N$–1 可以一分为二，即分成偶次系数 $B(k)=X(2k)$ 和奇次系数 $C(k)=X(2k+1)$ 两个基本部分，这便是信号处理中著名的“分基”(split–radix) 思想。于是，$X(k)$，k=0，1，…，$2N$–1 的 $2N$ 阶 *DFT* 的计算便变成了两个 N 阶 DFTB(k)，k=0，1，…，N–1 和 $C(2k+1)$，k=0，1，...，N-1 的计算。

离散 Four ier 变换基本定理：令

$$b(n)\xleftrightarrow{N}B(k), \qquad c(n)\xleftrightarrow{N}C(k) \tag{2.4.5}$$

是两个 N 阶 DFT 对。若

$$b(n)=x(2n) \text{ 和 } \mathrm{c}(n)=x(2n+1) \tag{2.4.6}$$

分别是已知序列 $x(n)$，n=0，1，…，$2N$–1 的偶次和奇次分量，则有

$$X(k)=B(k)+W_{2N}^{k}C(k),\quad k=0,1,\cdots,N-1 \tag{2.4.7}$$

$$X(k+N)=B(k)-W_{2N}^{k}C(k),\quad k=0,1,\cdots,N-1 \tag{2.4.8}$$

式中 $W_{2N}=\mathrm{e}^{-\mathrm{j}2\pi/(2N)}$ 。

证明　用代替式（2.4.2) 中的 N，并分别对 N 的偶次和奇次项求和，则有

$$X(k)=\sum_{n=0}^{2N-1}x(n)W_{2N}^{nk}=\sum_{n=0}^{N-1}x_{(2n)}W_{2N}^{2nk}+\sum_{N=0}^{N-1}x_{(2n+1)}W_{2N}^{(2n+1)k}$$

注意到

$$W_{2N}^{2nk}=W_{N}^{nk} \quad \text{和} \quad W_{2N}^{(2n+1)k}=W_{N}^{nk}W_{2N}^{k}$$

于是，有

$$\sum_{n=0}^{N-1}x_{(2n)}W_{2N}^{2nk}=\sum_{n=0}^{N-1}b(n)W_{N}^{nk}=B(k)$$

和

$$\sum_{n=0}^{N-1}x(2n+1)W_{2N}^{(2n+1)k}=W_{2N}^{k}\sum_{n=0}^{N-1}c(n)W_{N}^{nk}=W_{2N}^{k}C(k)$$

从而有 $X(k)=B_k+W_{2N}^{k}Ck$ ，即式（2.4.7) 成立。事实上，式 (2.4.7) 对 $k=k+N$ 也成立，即有

$$X(k+N)=B(k+N)+W_{2N}^{k+N}C(k+N),\quad k=0,1,\cdots,N-1 \tag{2.4.9}$$

容易验证

$$B(k+N)=B(k),\quad C(k+N)=C(k),\quad W_{2N}^{k+N}=-W_{2N}^{k} \tag{2.4.10}$$

综合式（2.4.9) 和式（2.4.10)，立即得到式（2.4.8)，从而完成了基本定理的证明。

为了使读者更直观地理解基本定理中式（2.4.7) 和式（2.4.8) 的计算关系，图 2-4-1 画出了 $2N=8$ 时 $B(k)$，$C(k)$ 与 $X(k)$ 之间的关系。

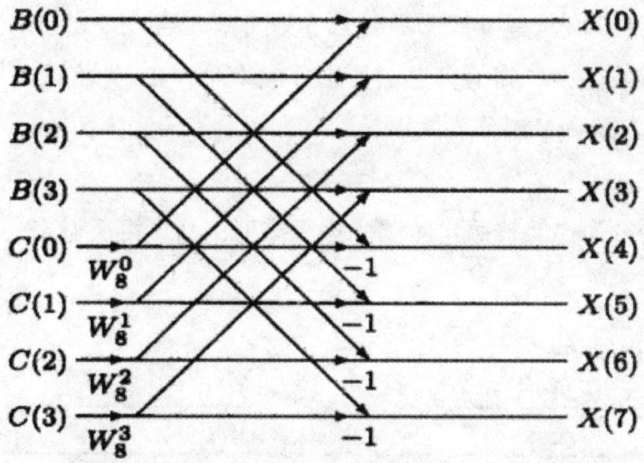

图 2-4-1 $2N=8$ 时 $B(k)$，$C(k)$ 与 $X(k)$ 之间的关系

式（2.4.7) 和式（2.4.8) 表明，它们的所有乘法运算包括三部分：①两个 N 阶 DFT $B_k, C_k, k=0,1,\cdots,N-1$ 的乘法运算 $F(N)$；②$W_{2N}^{k}C_k$ 的 $N-1$ 次乘法；③式（2.4.8) 中的减法（相当于 $W_{2N}^{k}C_k$ 乘 -1) 需要的一次乘法。换言之，通过分基，$2N$ 阶 $DFT\ X(k)$，$k=0,1,\cdots,2N-1$ 的乘法计算次数 $F(2N)$ 等于 $2F(N)$ 次乘法与 N 次乘法之和，即有

$$F(2N)=2F(N)+N \tag{2.4.11}$$

有趣的是，若 $N=1=2^0$，则 $F(1)=0$ 和 $F(2)=1$。于是，由式（2.4.11) 易知，$F(4)=4$ 和 $F(8)=12$。依此类推，有

$$F(N)=\frac{N}{2}\log_2 N \tag{2.4.12}$$

证明 用数学归纳法证明。已知式（2.4.12) 对 $N=2$，3 成立，假设式（2.4.12) 对 N 成立，则将式（2.4.12) 代入式（2.4.11) 后，得

$$F(2N)=N\log_2 N+N=N\log_2 2N \tag{2.4.13}$$

即式（2.4.12) 对 $2N$ 也成立。因此，式（2.4.12) 对所有 $N=2^m$ 恒成立。

以上分析表明，如果采用分基思想，可以将 $N=2^m$ 阶 DFT 分为两个 2^{m-1} 点 DFT，然后每个 2^{m-1} 点 DFT 又可分为两个 2^{m-2} 点 DFT。仿此，直至分到最基本的 2^1 点 DFT。如果每

分一次，称为一“级”运算，那么 $N=2^m$ 点 DFT 便可用 m 级单元计算。采用分基的 N 点 DFT 总共只需要 $N\log_2 N+N$ 次乘法或约 $N\log_2 N$ 次乘法（很大时）。相比之下，不采用分基的 N 点 DFT 计算却需要 N^2 次乘法。以 N=1024 为例，原 DFT 算法需 1024^2=1，048，576 次复数乘法，而采用分基的算法则只需要 5120 次复数乘法，仅为原来的 4.88%。由于乘法次数明显减少，所以采用分基的 DFT 算法称为快速 Fourier 变换（*f*ast Fourier transform，FFT）算法。

图 2-4-2 示出了 $N=2^3$=8 点 FFT 算法的信号流图。整个结构由 3 级 FFT 单元组成：第 1 级计算 2 点 DFT，第 2 级计算 4 点 DFT，第 3 级得到 8 点 DFT。

每级 FFT 单元的输入按照奇偶分基的原则分配。对 N=8，先将输入 $x(n)$ 的自然序号 0，1，2，3，4，5，6，7 按奇、偶分为两组：

0，2，4，6 | 1，3，5，7

对每一组，分别视为仍然按照自然顺序进行排列，又可再次做奇、偶分开，从而得到四组输入：

0，4 | 2，6 | 1，5 | 3，7

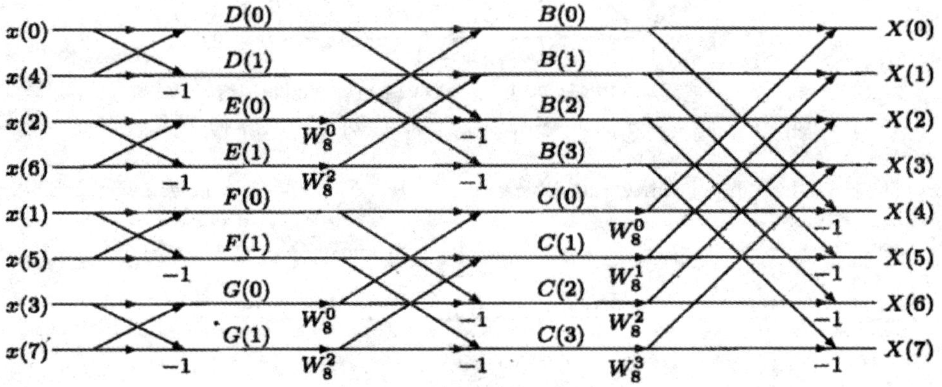

图 2-4-2 N=8 点 FFT 算法的信号流图

即是说，第 1 级的输入信号从上往下依次排列 $x(0)$，$x(4)$，$x(2)$，$x(6)$，$x(1)$，$x(5)$，$x(3)$，$x(7)$，而 8 点 *FFT* 最后的输出依次为 $X(0)$，$X(1)$，$X(2)$，$X(3)$，$X(4)$，$X(5)$，$X(6)$，$X(7)$。换言之，输入和输出之间的排列顺序的对应关系如下：

$x(0)$	$x(1)$	$x(2)$	$x(3)$	$x(4)$	$x(5)$	$x(6)$	$x(7)$
↓	↓	↓	↓	↓	↓	↓	↓
$X(0)$	$X(4)$	$X(2)$	$X(6)$	$X(1)$	$X(5)$	$X(3)$	$X(7)$

如果我们使用二进制码分别书写上述输入和输出的自然序号，便会发现输入和输出之间恰好存在“（二进制）码位倒置”的关系：

输入十进制	$x(0)$	$x(1)$	$x(2)$	$x(3)$	$x(4)$	$x(5)$	$x(6)$	$x(7)$
输入二进制	$x(000)$	$x(001)$	$x(010)$	$x(011)$	$x(100)$	$x(101)$	$x(110)$	$x(111)$
↓	↓	↓	↓	↓	↓	↓	↓	↓
输出二进制	$X(000)$	$X(100)$	$X(010)$	$X(110)$	$X(001)$	$X(101)$	$X(011)$	$X(111)$
输出十进制	$X(0)$	$X(4)$	$X(2)$	$X(6)$	$X(1)$	$X(5)$	$X(3)$	$X(7)$

按照原来顺序排列的二进制位称为正常位，码位倒置的二进制位称为倒序位。

对任意 $N=2^k$ 点 FFT，输入和输出的二进制码位之间都存在这一倒置关系。掌握了这一规律，我们就可以正确地编写 FFT 的程序。不过，由于 FFT 的软件已是通用程序，读者只需要在调用时了解排序的码位倒置规律即可。

第五节　卷积的快速计算

卷积是信号处理中经常遇到的一种运算。我们知道，一方面，当一个信号激励一个线性系统时，系统输出就是输入信号与系统冲激响应系数的（离散）卷积；另一方面，两个离散信号在时域的卷积对应为这两个信号的频谱的乘积。

上一节讨论了信号频谱可以利用 FFT 快速计算，那么是否也可以利用 FFT 快速计算两个信号的卷积呢？本节就来专门讨论这个问题。

一、循环卷积

现在考虑两个不同长度的离散信号的卷积计算问题。设 $x_n=\{x_0,x_1,\cdots x_{M-1}\}$ 和 $h_n=\{h_0,h_1,\cdots,h_{L-1}\}$ 分别是长度为 M 和 L 的有限长离散信号。在计算和的卷积 x_n*h_n 时，通常会用到 x_n 在 [0，$M-1$] 以外的值和 h_n 在 [0，$L-1$] 以外的值。对于这些未知的信号值，常假定它们等于零，即有

$$x_n=\begin{cases}x_n, & n\in[0,M-1]\\ 0, & \text{其他}\end{cases} \tag{2.5.1}$$

$$h_n=\begin{cases}h_n, & n\in[0,L-1]\\ 0, & \text{其他}\end{cases} \tag{2.5.2}$$

由这两个基本假设知，x_n 和 h_n 的卷积为

$$y_n=x_n*h_n=\sum_{m=-\infty}^{\infty}x_m h_{n-m}=\sum_{m=0}^{M-1}x_m h_{n-m} \tag{2.5.3}$$

显然，$y_n=0$，$n<0$ 和 $n\geqslant M+L-1$，因为对于 $n-m<0$ 和 $n-m\geqslant L$ 恒有 $h_{n-m}=0$。即是说：

$$y_n = x_n * h_n = \begin{cases} y_n, & n = 0,1,\cdots,M+L-2 \\ 0, & \text{其他} \end{cases} \quad (2.5.4)$$

这表明，长度为 M 的有限长离散信号 xn 和长度为 L 的有限长离散信号心的卷积 $y_n=x_n*h_n$ 是一个长度为 $M+L-1$ 的有限长离散信号。

另一方面，通过补零的方法，我们将 x_n 和 h_n 延拓成为周期 N(其中 $N \geqslant max(M，L)$) 的周期信号：

$$\bar{x}_n = \bar{x}_{n+lN} = \begin{cases} x_n, & n = 0,1,\cdots,M-1 \\ 0, & n<0; n = M,\cdots,N-1 \end{cases} \quad (2.5\_5)$$

和

$$\tilde{h}_n = \tilde{h}_{n+lN} = \begin{cases} h_n, & n = 0,1,\cdots,L-1 \\ 0, & n<0; n = L,\cdots,N-1 \end{cases} \quad (2.5.6)$$

式中 l 为任意整数。

根据离散 Fourier 变换的定义，这两个周期信号与它们的有限长离散频谱 $\tilde{X}_k$和$\tilde{H}_k$ 的关系分别为

$$\begin{cases} \tilde{X}_k = \sum_{n=0}^{N-1} \tilde{x}_n W_N^{nk} \\ \tilde{x}_n = \frac{1}{N}\sum_{k=0}^{N-1} \tilde{X}_k W_N^{-nk} \end{cases} \quad (2.5.7)$$

和

$$\begin{cases} \tilde{H}_k = \sum_{n=0}^{N-1} \tilde{h}_n W_N^{nk} \\ \tilde{h}_n = \frac{1}{N}\sum_{k=0}^{N-1} \tilde{H}_k W_N^{-nk} \end{cases} \quad (2.5.8)$$

式中 k=0，1，…，N-1;n=0，1，…，N-1。

在上述第一式和第三式中用 $k+N$ 代替 k，容易验证 $\tilde{X}_{k+N} = \tilde{X}_k$ 和 $\tilde{H}_{k+N} = \tilde{H}_k$；类似地，用 $n+N$ 代替第二式和第四式中的 N 知 $\tilde{x}_{n+N} = \tilde{x}_n$ 和、$\tilde{h}_{n+N} = \tilde{h}_n$ 这就是说，$\tilde{X}_k,\tilde{H}_k,\tilde{x}_n,\tilde{h}_n$ 均是以 N 为周期的周期函数。记住这一点，将有助于下面问题的分析。

令

$$\tilde{Y}_k = \tilde{X}_k \tilde{H}_k \quad (2.5.9)$$

表示两个有限离散频谱 $\tilde{X}_k$ 和 $\tilde{H}_k$ 的乘积。对 Y_k 作 Fourier 逆变换，便得到对应的有限长离散信号

$$\tilde{y}_n = \frac{1}{N}\sum_{k=0}^{N-1}\tilde{Y}_k W_N^{nk} \quad (2\text{–}5.10)$$

将 $\tilde{Y}_k = \tilde{X}_k \tilde{H}_k$ 代入上式，并进行有关运算，得

$$\begin{aligned}\tilde{y}_n &= \frac{1}{N}\sum_{k=0}^{N-1}\tilde{X}_k \tilde{H}_k W_N^{nk} \\ &= \frac{1}{N}\sum_{k=0}^{N-1}\tilde{X}_k\left(\sum_{m=0}^{N-1}\tilde{h}_m W_N^{-mk}\right)W_N^{nk} \\ &= \sum_{m=0}^{N-1}\tilde{h}_m\left(\frac{1}{N}\sum_{k=0}^{N-1}\tilde{X}_k W_N^{(n-m)k}\right) \\ &= \sum_{m=0}^{N-1}\tilde{h}_m \tilde{x}_{n-m}, \quad n = 0,1,\cdots,N-1\end{aligned}$$

即 $\tilde{y}_n$ 是 $\tilde{x}_n$ 和 $\tilde{h}_n$ 的卷积：

$$\tilde{y}_n = \tilde{x}_n * \tilde{h}_n = \sum_{l=0}^{N-1}\tilde{h}_l \tilde{x}_{n-l} = \sum_{l=0}^{N-1}\tilde{x}_l \tilde{h}_{n-l}, \quad n = 0,1,\cdots,N-1[0,1] \qquad (2.5.11)$$

由于 $\tilde{x}_n$ 和 $\tilde{h}_n$ 都是以 N 为周期的函数，所以它们的卷积 $\widetilde{y_n = \tilde{x}_n * \tilde{h}_n}$ 也是以 N 为周期的函数。鉴于这一特征，两个周期函数的卷积常称为循环卷积或周期卷积，以区别一般非周期函数的卷积。为了方便识别，这里采用与一般卷积符号、$x_n * h_n$ 不同的符号表示循环卷积，即有

$$\tilde{y}_n = \tilde{x}_n \circledast \tilde{h}_n = \tilde{h}_n \circledast \tilde{x}_n \qquad (2.5.12)$$

当需要表明周期 N 时，循环卷积常记作

$$\tilde{y}_n = (\tilde{x}_n \circledast \tilde{h}_n)N \qquad (2.5.13)$$

若取 $N=max(M, L)$，则两个信号 x_n 和 h_n 的循环卷积 $\tilde{y}_n = \tilde{x}_n \circledast \tilde{h}_n$ 的 z 变换 $\tilde{Y}(z) = \tilde{X}(z)\tilde{H}(z)$ 是它们的（普通）卷积或者非循环卷积 $y_n=x_n*h_n$ 的 z 变换多项式 $Y(z)=X(z)H(z)$ 的模 (z^N-1) 的同余多项式，即有

$$\tilde{Y}(z) = X(z)H(z)\bmod(z^N-1) = Y(z)\bmod(z^N-1) \qquad (2.5.14)$$

例 2.5.1 已知 $x_n=\{1, 2, -1, 1, -1\}$ 和 $H(z)=\{5, 1, 4\}$，求卷积 $y_n=x_n*h_n$ 和周期 $N=4$ 的循环卷积 $\tilde{y}_n = \tilde{x}_n \circledast \tilde{h}_n$。

解： 由题意知，$X(z) = 1 + 2z - z^2 + z^3 - z^4$ 和 $H(z) = 5 + z + 4z^2$，并且两个周期为 $N=M=4$ 的信号分别为 $\tilde{x}_n = \{1,2,-1,1,1\}$ 和 $\tilde{h}_n = \{5,1,4,0,0\}$。于是，有

$$
\begin{aligned}
Y(z) &= X(z)H(z) \\
&= (1+2z-z^2+z^3-z^4)(5+z+4z^2) \\
&= 5+11z+z^2+12z^3-8z^4+3z^5-4z^6
\end{aligned}
$$

由此可求出普通卷积 $y_n=\{y_0,y_1,y_2,y_3,y_4,y_5\}=\{5,11,1,12,-8,-3,-4\}$ 及其（z^5-1) 的同余多项式

$$
\begin{aligned}
\tilde{Y}(z) &= Y(z)\bmod(z^5-1) \\
&= 5+11z+z^2+12z^3-8z^4+3z^5-4z^6 \bmod(z^5-1) \\
&= 5+11z+z^2+12z^3-8z^4+3-4z \\
&= 8+7z+z^2+12z^3-8z^4
\end{aligned}
$$

式中，使用了同余多项式 $3z^5-4z^6\bmod(z^5-1)=3-4z$。因此，循环卷积 $\tilde{y}_n=\tilde{x}_n\circledast h_n=\{\tilde{y}_0,\tilde{y}_1,\tilde{y}_2,\tilde{y}_3,\tilde{y}_4\}=\{8,7,1,12,-8\}$。

这一例子说明，循环卷积可以通过普通卷积求出。然而，在信号处理中，我们往往对逆问题更感兴趣：如何利用循环卷积 $\tilde{y}_n=\tilde{x}_n\circledast\tilde{h}_n$ 计算普通卷积 $y_n=x_n*h$，这是因为 x_n 和 h_n 通常并不是周期信号。例如，当 h_n 为激励信号，且 $y_n=x_n*h_n$ 代表一线性离散系统的冲激响应系数时，它们的卷积就是系统的输出信号。

二、卷积的快速计算方法

长度 M 的信号 $x_n=\{x_0,x_1,\cdots,x_{M-1}\}$ 与长度 L 的信号 $h_n=\{h_0,h_1,\cdots h_{L-1}\}$ 的普通卷积的长度为 $M+L-1$，而周期为 N 的两个周期信号 $\tilde{x}_n$ 和 $\tilde{h}_n$ 的循环卷积 $\tilde{y}_n=\tilde{x}_n\circledast\tilde{h}_n$ 的长度等于 N。特别地，通过选择 N 等于 2 的整数幂，循环卷积还可以利用 FFT 快速计算。显然，为了得到 $M+L-1$ 个普通卷积值 yn，$n=0$，l，…，$M+L-1$，循环卷积的周期 N 必须等于或者大于 $M+L$。

如果选择 $N=2^k\geqslant M+L$，那么循环卷积与普通卷积之间是否存在相等关系 $\tilde{y}_n=y_n$，$n=0$，1，…，$M+L-1$ 呢?

由循环卷积的定义知

$$
\tilde{y}_n=\sum_{m=0}^{N-1}\tilde{x}_m\tilde{h}_{n-m}=\sum_{m=0}^{M-1}\tilde{x}_m\tilde{h}_{n-m}+\sum_{m=M}^{N-1}\tilde{x}_m\tilde{h}_{n-m},\quad n=0,1,\cdots,N-1 \tag{2.5.15}
$$

注意到在 $L\leqslant M$ 的假设条件下

$$
\tilde{x}_n=\begin{cases}x_n, & 0\leqslant n\leqslant M-1\\ 0, & M\leqslant n\leqslant N-1\end{cases}
$$

$$
\tilde{h}_n=\begin{cases}h_n, & 0\leqslant n\leqslant L-1\\ 0, & L\leqslant n\leqslant N-1\end{cases}
$$

因此，式（2.5.15) 变为

$$\tilde{y}_n = \sum_{m=0}^{M-1} x_m h_{n-m}, \quad n = 0,1,\cdots,N-1$$

由于式右的求和项实际上就是 x_n 和 h_n 的普通卷积 $y_n=x_n * h_n$ 并且其长度为 $M+L-1$，故上式直接给出

$$\tilde{y}_n = y_n, \quad n = 0,1,\cdots,M+L-1 \tag{2.5.16}$$

式中 $\tilde{y}_n = (\tilde{x}_n \circledast \tilde{h}_n)N$ 是长度为 N 的循环卷积，并且 $N \geq M+L$。

总结以上讨论，可以得到利用 *FFT* 计算普通卷积的算法如下：

算法 2. 5. 1(卷积的 FFT 计算算法）

已知对于长度为 M 的离散信号 x_n 和长度为 L 的离散信号 h_n，计算它们的卷积 $y_n = x_n * h_n, n = 0,1\cdots,M+L-2$。

步骤 1　通过补零的方法（即令 x_n=0，$n=M$，…，$N-1$ 和 h_n=0，$n=L$，$N-1$)，将 x_n 和 h_n 分别延展成周期为 N 的周期函数 $\tilde{x}_n$ 和 $\tilde{h}_n$，其中 $N=2^p$ 是大于或等于 $M+L$ 的最小整数。

步骤 2　用 FFT 计算两个周期信号 $\tilde{x}_n$ 和 $\tilde{h}_n$ 各自的有限离散频谱 $\tilde{X}_k$ 和 $\tilde{H}_k$。

步骤 3　利用 IFFT 计算有限离散频谱乘积 $\tilde{Y}_k = \tilde{X}_k \tilde{H}_k$ 的 Fourier 逆变换，得到循环卷积 $\tilde{y}_n = \tilde{x}_n \circledast \tilde{h}_n = \mathrm{IFFT}(\tilde{Y}_k)$。

步骤 4　离散信号 x_n 和 h_n 的普通卷积 $y_n = x_n * h_n$ 由 $y_n = \tilde{y}_n$，$n = 0,1,\cdots,M+L-2$ 给出。

对于长度为 M 的信号 xn 和长度为 L 的信号 hn，它们的普通卷积需要的计算量为 $M(M+L-1)$ 次乘法。当使用算法 2.5.1 时，步骤 2 计算 $\tilde{x}_k$ 和 $\tilde{H}_k$ 需要 2 次 FFT，共计 $N\log_2 N$ 次乘法；而步骤 3 中 $\tilde{Y}_k = \tilde{X}_k \tilde{H}_k$ 的计算需要 N 次乘法，且计算 $\tilde{Y}_k$ 的 IFFT 需要 $\frac{N}{2}\log_2 N$ 次乘法，因此，利用 FFT 计算普通卷积，算法 2.5.1 总共只需要 $\frac{3N}{2}\log_2 N + N$ 次乘法运算。

例 2. 5. 2 信号和与例 2.5.1 相同。取 $N=8=M+L$，即周期信号为 $\tilde{x}_n$ ={1，2，−1，1，−1，0，0，0} 和 $\tilde{h}_n$ ={5，1，4，0，0，0，0，0}，则利用 8 点 FFT 计算得到的循环卷积为 $\tilde{y}_n$ ={5，11，1，12，−8，3，−4，0}，由此得普通卷积知 $y_n = x_n * h_n$ ={5，11，1，12，−8，3，−4}。

在这一例子中，如果直接计算普通卷积，需要 $M\times(M+L-1)=5\times7=35$ 次乘法，而算法 2.5.1 则需要 $\frac{3N}{2}\log_2 N + N = 44$ 次乘法，反而计算复杂一点。然而，若 M 和 L 都比较大，

则算法 2.5.1 节省的计算量将变得很明显。例如 $M=2^8=256$ 和 $L=250$ 时，我们只需要取 $N=2^9 > M+L$ 即可。此时，普通卷积计算需要的乘法次数为 $M\times(M+L-1)=256\times505=129$，280，而算法 2.5.1 所需要的乘法次数仅为 $\frac{3N}{2}\log_2 N+N=\frac{3\times512}{2}\times\log_2 512+512=7424$，只是前者的 5.74%。

以上分析的结果和算法 2.5.1 也适用于两个相同长度的信号 x_n 和 h_n。此时，只需要在算法 2.5.1 中用 M 代替 L 即可。

第六节　频谱分析仪

频谱分析仪是一种模拟系统，用于测量模拟信号 $f(t)$ 的 Fourier 变换即频谱 $F(w)$。由于频谱 $F(w)$ 是乘积 $f(t)e^{jwt}$ 的积分，所以频谱分析仪本质上是一种积分器。

考虑由信号发生器产生一指数信号 $s(t)=e^{-jw_0t}$，然后将待分析频谱的物理信号 $f(t)$ 与指数信号 $s(t)$ 相乘，得到乘积信号

$$f_s(t)=f(t)e^{-jw_0t} \tag{2.6.1}$$

这一操作称为物理信号被指数信号调制。易知乘积信号的频谱为

$$F_s(w)=\int_{-\infty}^{\infty}\left[f(t)e^{-jw_0t}\right]e^{-jwt}dt=F(w+w_0) \tag{2.6.2}$$

当使用这一乘积信号作为一带通滤波器 $H(w)$ 的输入信号时，输出信号 $g(t)=f_S(t)*h(t)$ 的频谱

$$G(w)=F_s(w)H(w)=F(w+w_0)H(w) \tag{2.6.3}$$

如果带通滤波器 $H(w)$ 的带宽足够小，则 $F(w+w_0)\approx F(w_0)$ 从而有

$$G(w)\approx F(w_0)H(w)$$

作 Fourier 逆变换后，便得到 $g(t)\approx F(w_0)h(t)$。

以上讨论可以总结为模拟频谱分析仪的工作步骤如下：

（1）信号发生器产生频率为 w_0 的模拟指数信号 e^{-jw_0t}，然后，将指数信号与待测频谱的信号 $f(t)$ 相乘，得到乘积信号 $f(t)e^{-jw_0t}$；

（2）将模拟乘积信号 $f(t)e^{-jw_0t}$ 接入一个带宽很窄的带通滤波器 $H(w)$，并且测量带通滤波器的输出信号 $g(t)$；

（3）模拟信号 $f(t)$ 在频率 w_0 的频谱由 $F(w_0)=g(t)/h(t)$ 决定，其中 $h(t)$ 是带通滤波器的冲激响应；

（4）连续改变信号发生器的频率并重复以上步骤，即可得到模拟信号 $f(t)$ 在各个频率点 w 上的频谱 $F(w)$。

上述方法构造的频谱分析器称为调制型频谱分析仪。

连续改变信号发生器的频率 w 的简单而直接的方法为线性调频方法，即让信号发生器产生线性调频信号 $s(t)=\mathrm{e}^{\mathrm{j}(w_0t-\alpha t^2)}$，其中 α 称为线性调频率。若低通滤波器的冲激响应 $h(t)$ 与 $s(t)$ 是反斜率调制，即 $h(t)=\mathrm{e}^{-j(w_0t+\alpha t^2)}$，则

$$
\begin{aligned}
g(t)&=\int_{-\infty}^{\infty}s(\tau)h(t-\tau)\mathrm{d}\tau\\
&=\int_{-\infty}^{\infty}f(\tau)\mathrm{e}^{\mathrm{j}(w_0t-\alpha t^2)}\mathrm{e}^{-\mathrm{j}\left[w_0(t-\tau)+\alpha(t-\tau)^2\right]}\mathrm{d}\tau\\
&=\mathrm{e}^{-\mathrm{j}(w_0t+\alpha t^2)}\int_{-\infty}^{\infty}f(\tau)\mathrm{e}^{\mathrm{j}2\alpha t\tau}\mathrm{d}\tau\\
&=F(2\alpha t)h(t)
\end{aligned}
$$

模拟信号 $f(t)$ 的频谱 $F(w)$ 的包络可以由 $F(2\alpha t)=g(t)/h(t)$ 确定，从而构成实时频谱分析仪。遗憾的是，冲激响应为 $h(t)=\mathrm{e}^{-\mathrm{j}(w_0t+\alpha t^2)}$ 的低通滤波器很难通过物理实现。

为了解决这个问题，可以考虑使用由 M 个窄带带通滤波器 $H_i(w), i=1,2,\cdots,m$ 组成的滤波器组（filter bank），参见图 2-6-1。

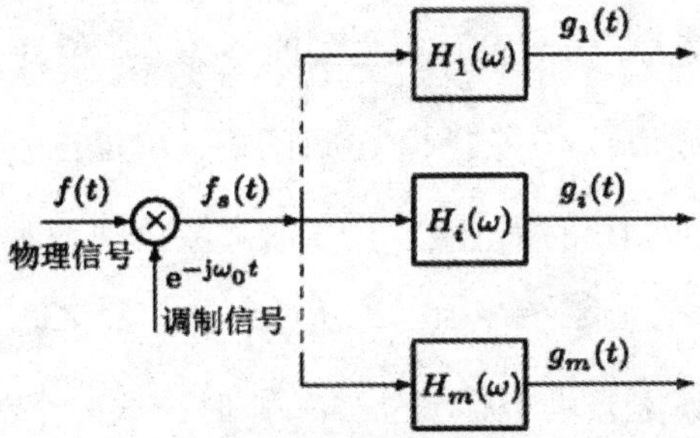

图 2-6-1 滤波器组

令第 i 个带通滤波器 $H_i(w)$ 的中心频率为 w_i，并且其带宽足够小。类似于上面的分析，乘积信号 $f(t)\mathrm{e}^{-\mathrm{j}w_0t}$ 激励第 i 个带通滤波器的输出信号 $g_i(t)$ 的频谱为

$$G_i(w)=F_s(w)H_i(w)=F(w+w_0)H_i(w)\approx F(w_i+w_0)H_i(w)$$

做 Fourier 逆变换后，立即得 $g_i(t)=F(w_i+w_0)h_i(t)$，即有 $F(w_i+w_0)=g_i(t)/h_i(t)$。

下面是基于滤波器组的模拟频谱分析仪的基本设计步骤。

（1）设计一滤波器组，并合理分配每个窄带带通滤波器的中心频率 w_i；

（2）使用指数信号 $\mathrm{e}^{-\mathrm{j}w_0t}$ 对待分析频谱的物理信号 $f(t)$ 进行调制；

（3）将调制信号 $f(t)e^{-jw_0t}$ 同时输入到滤波器组的各个带通滤波器，并测量每个滤波器的输出信号 $g_i(t)$；

（4）计算物理信号 $f(t)$ 在各个频率 w_i+w_0 的频谱 $F(w_i+w_0)=g_i(t)/h_i(t)$，其中 $h_i(t)$ 是第 i 个带通滤波器的冲激响应。

第七节　基于 FFT 的频谱估计

上一节介绍了模拟频谱分析仪，它是一种物理硬件。为了得到宽频率范围的频谱，滤波器组需要使用很多窄带带通滤波器，实现成本高。本节讨论频谱分析仪的计算机软件即编程实现。

频谱分析计算机编程的基本工具是 FFT，因为 FFT 不仅可以快速计算卷积，而且也可以快速计算一个信号的频谱（振幅谱和相位谱）。

一、频谱分析的基本参数选择

观测信号通常为连续时间信号 $x(t), t\geqslant 0$。为了使用 FFT 进行频谱分析，首先需要以时间间隔 ΔT 对连续信号 $x(t)$ 进行采样，得到有限长离散信号 $x(n\Delta T), n=0,1,\cdots,N$，因此，在频谱分析之前，需要解决数据长度 N 和采样间隔 ΔT 这两个参数的选择问题。

对于连续信号 $x(t)$ 通常使用两个参数来刻画频谱的性能：

截止频率 f_c：表示连续信号 $x(t)$ 最高可能达到的频率，单位为 Hz。

频率分辨率 f_Δ：表示连续信号 $x(t)$ 的频率分辨间隔，单位也为 Hz。

所谓频率分辨率，系指对 $x(t)$ 的幅值谱 $[X(f)]$ 取离散值观看时，我们可以分辨的两个相邻频率之差的最小值：f_Δ 的值越小，频率分辨率越高；反之，麵率分辨率越低。这就是说，当信号 $x(t)$ 的两个频率之差大于频率分辨率 f_Δ 时，这两个频率成分将可以分辨开；而频率之差小于频率分辨率 f_Δ 的两个频率成分则无法区分开。

一般说来，当连续信号 $x(t)$ 的幅值谱的曲线变化比较大时，频率分辨率应该取高一些，即 f_Δ 需要取得小一些；而当 $[X(f)]$ 的曲线比较平滑时，则分辨率允许取低一些，即 f_Δ 可以取得大一些。

下面讨论采样时间间隔 ΔT 和数据长度 N 的选择原则。

根据采样定理，采样频率 $\dfrac{1}{\Delta T}$ 必须大于或者等于连续信号最高频率 f_c 的两倍，即有

$$\frac{1}{\Delta T} \geqslant 2f_c \quad 或 \quad \Delta T \leqslant \frac{2}{2f_c} \tag{2.7.1}$$

这就是采样时间间隔 ΔT 的选择原则，另一方面，对于离散信号 $x(n\Delta T)$，n=0，1，…，N–1，由离散 Fourier 变换知，有限离散频谱的频率间隔为 $\frac{1}{N\Delta T}$ 它应该满足条件

$$\frac{1}{N\Delta T} \leqslant f_\Delta \quad 或 \quad N \geqslant \frac{1}{\Delta T \cdot f_\Delta} \tag{2.7.2}$$

综合式（2.7.1) 和式（2.7.2)，便得到数据长度 N 的选择公式：

$$N \geqslant \frac{2f_c}{f_\Delta} \tag{2.7.3}$$

式（2.7.2) 又可改写为

$$N\Delta T \geqslant \frac{1}{f_\Delta} \tag{2.7.4}$$

注意到 $N\Delta T$ 代表频谱分析实际的信号记录长度，而

$$T_{\min} = \frac{1}{f_\Delta} \tag{2.7.5}$$

表示为了满足频率分辨率 f_Δ 所需要的离散信号的最小记录长度，所以式（2.7.4) 的物理含义是：频谱分析的信号记录长度 $N\Delta T$ 必须大于或者至少等于最小记录长度 $T_{\min}$，即

$$N\Delta T \geqslant T_{\min} \tag{2.7.6}$$

这与最小记录长度的含义是一致的。

二、频谱的估计与平滑

采样间隔 $N\ \Delta T$ 和信号记录长度 $N\ \Delta T$ 恰当选择后，便可以通过采样，从连续信号想 $x(t)$ 得到长度为 $N\ \Delta T$ 的离散信号 $x(n\Delta T), n = 0, 1, \cdots, N_0 - 1$。

由于 FFT 只适用于数据长度为 $N=2^k$(其中 k 为正整数）的周期信号，因此在频谱分析之前，还需要进行下面的数据准备工作：

（1）若离散信号 $x(n\Delta T)$ 的长度 $N_0=2^k$，则直接取 $N=N_0$；若 N_0 很大，则只截取 $N=2^k$ 项离散信号数据 $x(n\Delta T)$。然后，将离散信号 =a:(nA : r)，n=0，1，…，iV-1 视为周期信号。

（2）若 $N_0 \neq 2^k$，且比较小，则需要取 $N > N_0$，并通过数据补零的方法，将给定的 N_0 个离散信号延拓为周期为 N 的信号：

$$x_n = \begin{cases} x(n\Delta T), & 0 \leqslant n \leqslant N_0 - 1 \\ 0, & N_0 \leqslant n \leqslant N \end{cases} \tag{2.7.7}$$

完成上述数据准备工作之后，对离散周期信号 $x(n)$ 直接作 FFT，即可得到原连续信号 $x(t)$ 的离散频谱估计：

$$X_k = \sum_{n=0}^{N-1} x_n e^{-j2\pi nk\frac{1}{N}}, \quad k = 0,1,\cdots,N-1 \tag{2.7.8}$$

注意到

$$X_{k+\frac{N}{2}} = \sum_{n=0}^{N-1} x_n e^{-j2\pi n(k+\frac{N}{2})\frac{1}{N}} = \sum_{n=0}^{N-1} x_n e^{-j2\pi nk\frac{1}{N}} = X_k$$

由于这一对称性，通常只需要取 $X_k, k = 0,1,\cdots,\frac{N}{2}-1$ 作为频谱值。此时，x_k 表示对应于离散频率 $\frac{k}{N\Delta T}$ 的频谱值。

频谱是由实部 A_k 和虚部组成的复数：

$$X_k = U_k + jV_k, \quad k = 0,1,\cdots,\frac{N}{2}-1 \tag{2.7.9}$$

由此可以求出幅值谱 A_k 和相位谱 Φ_k

$$A_k = |X_k| = \sqrt{U_k^2 + V_k^2} \tag{2.7.10}$$

$$\Phi_k = \text{arctg}\frac{V_k}{U_k} \tag{2.7.11}$$

其中 $k = 0,1,\cdots,\frac{N}{2}-1$。

然而，由于信号在观测过程中，不可避免地存在噪声干扰或者观测误差，加之数据长度不够大、周期信号的假设可能与原连续信号不符合等诸多因素的影响，估计的幅值谱通常会出现大量的“毛刺”，变得极不平滑。这常常会严重影响到频谱峰值的分辨，而频谱峰值的位置直接决定信号中能量比较大的那些频率成分，因此，在频谱估计中，必须做相应的平滑处理，以得到比较光滑的频谱包络曲线。

简单有效的频谱平滑方法为“分段数据平滑法”，其基本思想是将 N 个数据分成 M 段数据，每段数据等长，长度为 $L=2^k$。

根据分段数据是否允许部分重叠，数据分段方法又有“无重叠分段”和“重叠分段”之分。

1. 无重叠分段平滑法

将 N 个离散信号值分为数据无重叠的 M 段，每段数据 $\left\{x_n^{(i)}\right\}$ 的长度为 L，即 $N=ML$，且第 i 段数据为

$$x_n^{(i)} = x_{n+iL}, \quad n = 0,1,\cdots,L-1; i = 0,1,\cdots,M-1 \tag{2.7.12}$$

此时，我们使用

$$\begin{aligned}\tilde{A}_k &= \frac{1}{M}\sum_{i=0}^{M-1}\left|\sum_{n=0}^{L-1} x_n^{(i)} \mathrm{e}^{-\mathrm{j}2\pi nk\frac{1}{N}}\right| \\ &= \frac{1}{M}\sum_{i=0}^{M-1}\left|\sum_{n=0}^{L-1} x_{n+iL} \mathrm{e}^{-\mathrm{j}2\pi nk\frac{1}{N}}\right|\end{aligned} \tag{2.7.13}$$

作为平滑的频谱值，其中 $k = 0,1,\cdots,L-1$。注意，平滑的频谱和平滑前的频谱一样，也存在着对称性 $\widehat{A}_k = \widehat{A}_{k+\frac{L}{2}}$，因此通常只需要选取 $\widehat{A}_k, k = 0,1\cdots,\frac{L}{2}-1$ 作为平滑的频谱即可。

2. 重叠分段平滑法

这种方法将 N 个离散信号值分为数据部分重叠的 M 段，每段数据 $\left\{x_n^{(i)}\right\}$ 的长度为 L，并且每段只有前面个数据与相邻后段是无交联或者无重叠的，即第 i 段数据为

$$x_n^{(i)} = x_{n+iD}, \quad n = 0,1,\cdots,L-1; i = 0,1,\cdots,M-1 \tag{2.7.14}$$

此时，$N = L + D(M-1)$。平滑的频谱由

$$\begin{aligned}\widehat{A}_k &= \frac{1}{M}\sum_{i=0}^{M-1}\left|\sum_{n=0}^{L-1} x_n^{(i)} \mathrm{e}^{-\mathrm{j}2\pi nk\frac{1}{N}}\right| \\ &= \frac{1}{M}\sum_{i=0}^{M-1}\left|\sum_{n=0}^{L-1} x_{n+iD} \mathrm{e}^{-\mathrm{j}2\pi nk\frac{1}{N}}\right|\end{aligned} \tag{2.7.15}$$

给出。由于对称性，则只需要计算 $k = 0,1,\cdots,\frac{L}{2}-1$ 个频谱值。

第三章　数字滤波器

➢ 引子

滤波器是一种以物理硬件或计算机软件形式，实现滤波的装置。滤波分为两种基本类型：

（1）抽取信号的某些频率分量，滤除掉其他频率分量，

（2）从含干扰与（或）噪声的观测数据中抽取信号，滤除干扰与（或）噪声。

数字滤波器是一个离散时间系统，它通过改变某个离散时间信号 $x(n)$ 的谱信息，产生一个新的离散时间信号 $y(n)$。除了滤除观测信号中的干扰、噪声或某些频率分量外，滤波器还广泛应用于信号的平滑、预测、微分、积分和分离等多种信息处理中。

如果滤波器输出端的被滤波、被平滑或被预测的量是滤波器输入的线性函数，则称之为线性滤波器；否则称为非线性滤波器。若滤波器的冲激响应是无穷长的，便称之为无限冲激响应滤波器，而冲激响应有限长的滤波器叫作有限冲激响应滤波器。如果滤波器是在时间域、频率域或空间域实现，则分别称之为时域滤波器、频域滤波器或空域滤波器。本章主要讨论线性数字频域滤波器。

第一节　模拟低通滤波器

在进入数字滤波器的介绍之前，有必要先讨论模拟滤波器。特别地，由于数字低通、高通、带通和带阻滤波器都可以由模拟低通滤波器转换得到，故本节的讨论对象只限于模拟低通滤波器。

一、模拟低通滤波器的响应

令模拟滤波器的连续冲激响应为 $h(t)$，则其 Laplace 变换 $H(s)$ 称为模拟滤波器的传递函数，而模拟滤波器的频率响应用 $H(j\omega)=H(s)|_{s}=j\omega$ 表示。

模拟滤波器的频率响应一般为复数：

$$H(j\omega)=|H(j\omega)|\,\mathrm{e}^{\mathrm{j}\theta(\omega)} \tag{3.1.1}$$

其中间 $|H(j\omega)|$ 和

$$\theta(\omega)=\arg H(\mathrm{j}\omega) \tag{3.1.2}$$

分别称为模拟滤波器的幅频响应和相频响应。

相频响应的导数

$$T(\omega)=\frac{\mathrm{d}\theta(\omega)}{\mathrm{d}\omega} \tag{3.1.3}$$

成为模拟滤波器的群延迟（group delay），而，满足

$$|H(j\omega_c)|^2=\frac{1}{2} \tag{3.1.4}$$

的频率称为模拟滤波器的截止频率（cutoff frequency）。取上式两边的对数，并注意到 $10\log\frac{1}{2}=-3.0103\approx-3\mathrm{d}B$，故上式又可以用 dB 的形式写作

$$20\log|H(j\omega_c)|\approx-3\mathrm{d}B \tag{3.1.5}$$

鉴于此，截止频率 w_c 又常称为 $-3dB$ 频率。

为了建立幅值平方响应 $|H(\mathrm{j}\omega)|^2$ 和传递函数 $H(s)$ 之间的关系，我们考查

$$|\mathrm{H}(\mathrm{j}\omega)|^2=H(\mathrm{j}\omega)H^*(\mathrm{j}\omega)=H(\mathrm{j}\omega)H(-\mathrm{j}\omega)=H(s)H(-s)|_{s=\mathrm{j}\omega} \tag{3.1.6}$$

若将上式写成多项式形式，则有

$$|H(j\omega)|^2=\frac{K(\omega^2+z_1^2)(\omega^2+z_2^2)\ldots}{(\omega^2+p_1^2)(\omega^2+p_2^2)\ldots} \tag{3.1.7}$$

其中，x_i 和 p_i 分别是模拟滤波器传递函数 $H(s)$ 的零点和极点，一般以复共轭对的形式出现。模拟滤波器幅频平方响应的分子和分母多项式均为 w^2 的实系数多项式。

理想模拟低通滤波器的频率响应定义为

$$H(j\omega)=H(s)|_{s=\mathrm{j}\omega}=\begin{cases}\mathrm{e}^{-\mathrm{j}\omega}, & 0\leqslant|\omega|\leqslant1\\ 0, & |\omega|>1\end{cases} \tag{3.1.8}$$

图 3–1–1 分别画出了模拟低通滤波器的理想幅频平方响应 $|H(\mathrm{j}\omega)|^2$、相频响应 $\arg H(\mathrm{j}\omega)$ 和实际的幅频响应 $|H_1(\mathrm{j}\omega)|$。

模拟理想低通滤波器的幅频响应是无法得到的，只能近似实现，参见图 3–1–1(c)。频带 $[0,\ \omega_p]$ 和 $[\omega_r,\infty)$ 分别称为模拟低通滤波器的通带和阻带。顾名思义，通带和阻带分别是信号分量可以通过和被阻隔的频带。通带和阻带之间的频带 (ω_p,ω_r) 称为过渡带。

理想情况下，通带内的信号频率分量应该无衰减地通过，即幅频响应 $|H(\mathrm{j}\omega)|=1$，$w\in[0,\ w_P]$ 而阻带内的信号频率分量则应该完全被阻隔，即 $|H(\mathrm{j}\omega)|=0,\omega\in[\omega_r,\infty)$，其中，$w_p$ 和 w_r 叫分别叫作模拟低通滤波器的通带边缘频率和阻带边缘频率。

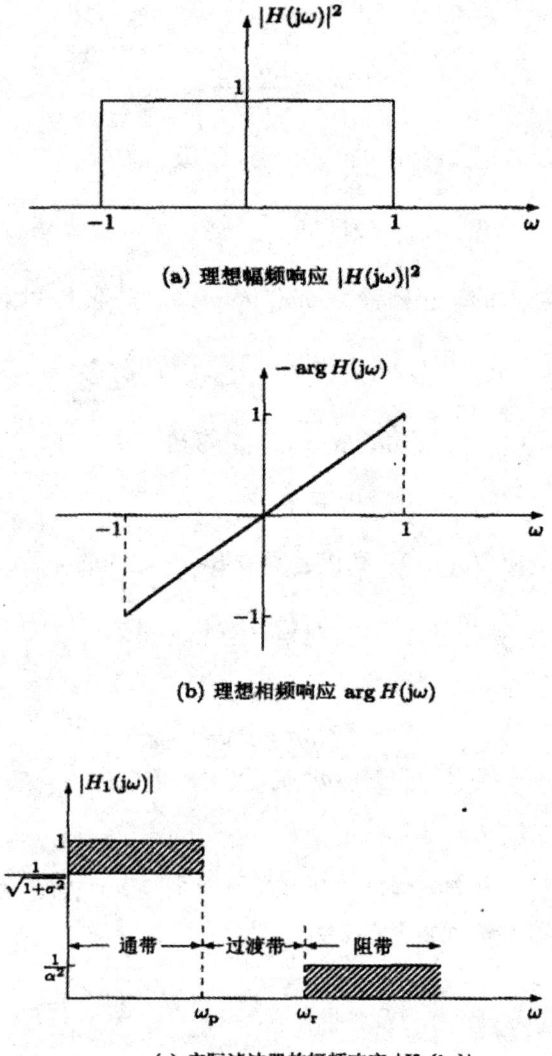

(c) 实际滤波器的幅频响应 $|H_1(j\omega)|$

图 3-1-1 模拟低通滤波器的幅频响应与相频响应

然而，实际的模拟滤波器在通带和阻带内只能分别做到

$$\frac{1}{1+\sigma^2} \leqslant H(\mathrm{j}\omega) \leqslant 1, \omega \in \left[0, \omega_p\right] \quad 和 \quad 0 \leqslant H(\mathrm{j}\omega) \leqslant \frac{1}{a^2}, \omega \in \left[\omega_r, \infty\right)$$

式中，$\sigma > 0$ 和 $\alpha > 0$ 分别称为模拟低通滤波器的通带波纹因子和阻带波纹因子，分别刻画模拟低通滤波器的幅频响应（或增益）在通带和阻带内的脉动。

为了更好地度量这两种增益脉动，常将

$$A(\omega) = -10\log|H(\mathrm{j}\omega)|^2 = -20\log|H(\mathrm{j}\omega)| \ (dB) \tag{3.1.9}$$

定义为模拟低通滤波器的衰减（attenuation）。由于 $|H(\mathrm{j}\omega)| \leqslant 1$，故衰减 $A(\omega) > 0, \forall\omega$。

特别地，若在式（3.1.9）中令$|H(\mathrm{j}\omega)|=\frac{1}{\sqrt{1+\sigma^2}}$和$|H(\mathrm{j}\omega)|=\frac{1}{\alpha^2}$，则有

$$A_P=-20\log\frac{1}{\sqrt{1+\sigma^2}}=10\log(1+\sigma^2)\ (\mathrm{dB}) \tag{3.1.10}$$

和

$$A_r=-20\log\frac{1}{\alpha^2}=10\log\alpha\ \ (\mathrm{dB}) \tag{3.1.11}$$

它们分别称为模拟低通滤波器的最大通带损失（maximum passbandloss）和最小阻带损失（minimum stopband loss）。通带损失也称通带脉动，阻带损失也叫阻带衰减。

由式（3.1.10）和式（3.1.11）易得通带波纹因子的表达式

$$\sigma=\sqrt{10^{0.1\times A_P}-1} \tag{3.1.12}$$

和阻带波纹因子的表达式

$$\alpha=10^{0.1\times A_r} \tag{3.1.13}$$

模拟低通滤波器的设计规格由通带边缘频率$f_p=\frac{\omega_p}{2\pi}$、阻带边缘频率$f_r=\frac{\omega_r}{2\pi}$、最大通带损失$A_\mathrm{p}$和最小阻带损失$A_\mathrm{r}$共四个指标组成，常将它们写成参数列表形式$A=\{f_\mathrm{p},f_\mathrm{r},A_\mathrm{p},A_\mathrm{r}\}$。

模拟低通滤波器的设计问题就是：在给定设计规格$A=\left\{f_p,f_r,A_P,A_r\right\}$的情况下，求模拟低通滤波器的传递函数$H(s)$。

下面介绍模拟低通滤波器的三种典型设计方法：归一化 Butterworth 低通滤波器逼近、归一化 Chebyshev 低通滤波器逼近和归一化椭圆低通滤波器逼近。

二、归一化 Butterworth 低通滤波器逼近

Butterworth 低通滤波器的频率响应定义为

$$|H(\mathrm{j}\omega)|^2=\frac{1}{1+(\frac{\omega}{\omega_c})^{2n}},\quad |H(\mathrm{j}\omega_c)|^2=\frac{1}{2} \tag{3.1.14}$$

其中w_c为截止频率，正整数n为低通滤波器的阶数。

若令$w_\mathrm{c}=1$，则由式（3.1.14）得

$$|H(\mathrm{j}\omega)|^2=\frac{1}{1+\omega^{2n}},\quad |H(\mathrm{j}1)|^2=\frac{1}{2} \tag{3.1.15}$$

显然，若$w=0$，则

$$\left|H(\mathrm{j}0)\right|^2=1 \tag{3.1.16}$$

因此，通常称具有式（3.1.15）所示频率响应的模拟低通滤波器为归一化 n 阶 *Butterworth* 低通滤波器。这里，归一化有双重含义：截止频率的归一化 $w_c=1$ 和零频率幅频响应的归一化$|H(\mathrm{j}0)|^2=1$。

使用归一化 Butterworth 低通滤波器实现理想低通滤波的方法称为 Butterworth 逼近。Butterworth 逼近具有以下基本性质：

性质 1 特殊频率的平方幅频响应

$$|H(\mathrm{j}0)|^2=1,\quad |H(\mathrm{j}1)|^2=\frac{1}{2},\quad |H(\mathrm{j}\infty)|^2=0$$

性质 2 对 $\omega\geqslant 0$，幅频响应平方$|H(\mathrm{j}\omega)|^2$为单调减函数，在 $w=0$ 处取最大值 1。

性质 3 n 阶归一化 Butterworth 低通滤波器传递函数的前（$2n-1$）阶导数在 $w=0$ 处恒等于零。

下面推导 n 阶 Butterworth 低通滤波器的传递函数的一般表达形式。为此，我们令 Butterworth 低通滤波器的幅频响应的平方

$$|H(\mathrm{j}\omega)|^2=H(s)H(-s)|_{s=j\omega}=\frac{1}{1+(\dfrac{\omega}{\omega_c})^2}=\frac{1}{1+(-1)^n(\dfrac{s}{\omega_c})^{2n}}|_{s=\mathrm{j}\omega} \tag{3.1.17}$$

的分母为零，从而得到极点

$$s_k=\omega_c\mathrm{e}^{\mathrm{j}\pi(1-n+2k)/2n},\quad k=0,1,\cdots,2\mathrm{n}\text{-}1 \tag{3.1.18}$$

为了保证$|H(j\omega)|^2$为稳定的函数，取 S 平面左半平面的极点作为传递函数 $H(s)$ 的极点：

$$s_k=\omega_c\left[-\sin\frac{(2k+1)\pi}{2n}+\mathrm{j}\cos\frac{(2k+1)\pi}{2n}\right] \tag{3.1.19}$$

于是，Butterworth 低通滤波器的传递函数为

$$H(s)=(-1)^n\prod_{k=0}^{n-1}\frac{s_k}{s-s_k} \tag{3.1.20}$$

若令 $wc=1$，则可以得到归一化 *Butterworth* 低通滤波器的传递函数的下述标准形式：

$$H(s)=\frac{1}{p(s)} \tag{3.1.21}$$

式中的分母 $p(s)$ 是 *Laplace* 变换的算子 s 的 n 阶多项式。

如果给定了模拟滤波器的设计规格 $A=\{f_p,f_r,A_p,A_r\}$，则 n 阶 Butterworth 低通滤波器的最大通带损失 A_p 和最小阻带损失 A_r 应分别满足

$$A_p = 10\log\left[1+(\frac{\omega_p}{\omega_c})^{2n}\right] \quad (\text{dB}) \tag{3.1.22}$$

$$A_r = 10\log\left[1+(\frac{\omega_r}{\omega_c})^{2n}\right] \quad (\text{dB}) \tag{3.1.23}$$

式中 $\omega_P = 2\pi f_p$ 和 $\omega_r = 2\pi f_r$。

求解式（3.1.22）和式（3.1.23）两个联立方程，易得

$$n = \frac{|\log\sqrt{(10^{0.1\times A_P}-1)/(10^{0.1\times A_r}-1)}|}{|\log(\omega_p/\omega_r)|} \tag{3.1.24}$$

注意，滤波器阶数 n 的选择与截止频率 w_c 无关，因此，上式可以认为是相对于 w_c=1 的归一化 Butterworth 低通滤波器的选择标准。根据吝啬原理，滤波器阶数 n 应取作满足不等式

$$n \geqslant \frac{|\log\sqrt{(10^{0.1\times A_P}-1)/(10^{0.1\times A_r}-1)}|}{|\log(\omega_p/\omega_r)|} \tag{3.1.25}$$

的最小整数。

若定义识别因子（discrimination factor）和选择参数（selectivity parameter）分别为

$$\text{d} = \sqrt{\frac{10^{0.1\times A_p}-1}{10^{0.1\times A_r}-1}} \tag{3.1.26}$$

$$k = \frac{\omega_p}{\omega_r} = \frac{f_p}{f_r} < 1 \tag{3.1.27}$$

则归一化模拟 Butterworth 低通滤波器的阶数 n 取作满足不等式

$$n \geqslant \frac{|\log \text{d}|}{|\log k|} = \frac{|\log\sqrt{(10^{0.1\times A_p}-1)/(10^{0.1\times A_r}-1)}|}{|\log(\omega_p/\omega_r)|} \tag{3.1.28}$$

的最小整数。

图 3–1–2 画出了不同阶数的归一化 Butterworth 低通滤波器的幅值平方特性 $|H(\text{j}\omega)|^2 = \dfrac{1}{1+(\omega/\omega_c)^{2n}}$ 随频率比 w/wc ω/ω_c 变化的曲线。

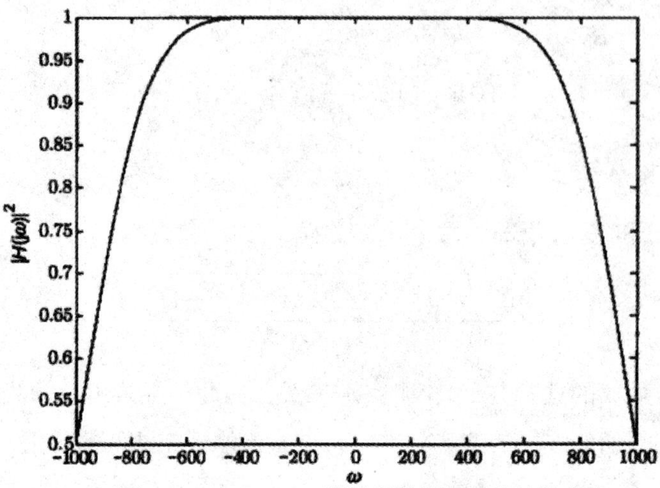

图 3-1-2 Butterworth 滤波器的幅频平方特性曲线

综上所述，归一化 Butterworth 低通滤波器的设计步骤如下：

步骤 1 根据所希望的低通滤波器规格 $A=\{f_p, f_p, A_p, A_r\}$，利用式（3.1.26）和式（3.1.27）分别计算识别因子 d 和选择参数 k。

步骤 2 取满足不等式

$$n \geqslant \frac{|\log \mathrm{d}|}{|\log k|}$$

的最小整数作为滤波器的阶数。

步骤 3 利用滤波器阶数 n，即可直接得到归一化 n 阶 Butterworth 低通滤波器的传递函数 $H(s)$。

如果我们希望设计非归一化的 n 阶 Butterworh 低通滤波器，则需要先根据 Ap 或 Ar 计算 Butterworth 低通滤波器的截止频率

$$\omega_c = \frac{\omega_p}{(10^{0.1\times A_P}-1)^{1/2n}} \tag{3.1.29}$$

或

$$\omega_c = \frac{\omega_r}{(10^{0.1\times A_r}-1)^{1/2n}} \tag{3.1.30}$$

利用第二个公式计算的截止频率既可以精确地满足阻带衰减，又能使通带规格存在一定的富余量。于是，非归一化 *Butterworth* 低通滤波器的传递函数由

$$H(s) = H_1(s)|_{s\to s/\omega_c} = H_1(\frac{s}{\omega_c}) \tag{3.1.31}$$

给出，式中 $H_1(s)$ 是归一化 Buttemorh 低通滤波器的传递函数。

例 3.1.1 要求低通滤波器满足以下设计规格：①对低于 1200Hz 的频率，最大通带脉动不超过 1.5dB; ②对高于 5000Hz 的频率，所允许的最小阻带衰减不小于 40dB。试设计归一化和非归一化 Butterworth 低通滤波器的传递函数。

解：由题意知

$$A_p=1.5\text{dB}，w_p=27\pi\times1200\text{rad/s}$$

$$A_r=40\text{dB}，w_r=27\pi\times5000\text{rad/s}$$

于是，由式（3.1.28）得

$$n\geqslant\frac{\left|\log\sqrt{(10^{0.1\times1.5}-1)/(10^{0.1\times40}-1)}\right|}{|\log(2400\pi/10000\pi)|}=\frac{2.1922}{0.6198}=3.5369$$

故阶数取为 n=4。满足本题设计规格的归一化 4 阶 Butterworth 低通滤波器的传递函数为

$$H_1(s)=\frac{1}{(s^2+0.76537s+1)(s^2+1.84776s+1)}$$

由式（3.1.29）得低通滤波器的截止频率

$$\omega_c=\omega_p(10^{0.1\times A_P}-1)^{-1/2n}=2\pi\times1200(10^{0.15}-1)^{-1/8}=8422\text{rad/s}$$

最后，非归一化 4 阶 Butterworh 低通滤波器的传递函数为

$$H(s)=H_1(\frac{s}{\omega_c})=\frac{1}{\left[(\frac{s}{8422})^2+\frac{0.76537s}{8422}+1\right]\left[(\frac{s}{8422})^2+\frac{1.84776s}{8422}+1\right]}$$

三、归一化 Chebyshev 低通滤波器逼近

Chebyshev 滤波器是一种等波纹带通（equi-ripple passband）滤波器，其幅值平方定义为

$$|H(j\omega)|^2=\frac{1}{1+\sigma^2C_n^2(\omega)}\tag{3.1.32}$$

式中，σ 为波纹因子，而

$$C_n(\omega)=\begin{cases}\cos(n\arccos\omega), & 0\leqslant\omega\leqslant1\\ \cosh(n\text{arccosh}\omega), & \omega>1\end{cases}\tag{3.1.33}$$

称为 Chebyshev 多项式。

若令 u=arcos w，则 $Cn(w)$=cos(nu)，并且有

$$
\begin{aligned}
&C_0(\omega)=\cos 0=1\\
&C_1(\omega)=\cos u=\cos(\arccos\omega)=\omega\\
&C_2(\omega)=\cos(2u)=2\cos^2 u-1=2\omega^2-1\\
&C_4(\omega)=\cos(3u)=4\cos^3 u-3\cos u=4\omega^3-3\omega\\
&\qquad\vdots
\end{aligned}
$$

由 $\cos[(n+1)u]=2\cos(nu)\cos u-\cos[(n-1)u]$ 易得 Chebyshev 多项式的递推公式：

$$C_{n+1}(\omega)=2\omega C_n(\omega)-C_{n-1}(\omega),\qquad n=1,2,\cdots \tag{3.1.34}$$

Chebyshev 滤波器的幅值响应具有以下性质：

（1）零频率的幅值响应

$$|H(\mathrm{j}\omega)|_{\omega=0}=\begin{cases}1, & 若n为奇数\\ \dfrac{1}{\sqrt{1+\sigma^2}}, & 若n为偶数\end{cases}$$

（2）若 $C_n(1)=1$ 对所有 n 均成立，故

$$|H(\mathrm{j}\omega)|_{\omega=1}=\frac{1}{\sqrt{1+\sigma^2}},\qquad \forall n$$

（3）幅频响应 $|H(\mathrm{j}\omega)|$ 为单调减函数。

如果给定模拟低通滤波器的设计规格 $A=\left\{f_p,f_r,A_P,A_r\right\}$，则 Chebyshev 低通滤波器的阶数 n 应该取满足下列不等式的最小整数：

$$n\geqslant\left|\frac{\operatorname{arccosh}(\mathrm{d}^{-1})}{\operatorname{arccosh}(k^{-1})}\right| \tag{3.1.35}$$

式中 | • | 表示实数的绝对值或者复数的模，而识别因子 d 和选择因子 k 分别由式（3.1.26）和式（3.1.27）定义，即

$$d=\sqrt{\frac{10^{0.1\times A_P}-1}{10^{0.1\times A_r}-1}}\quad 和\quad \kappa=\frac{\omega_p}{\omega_r}=\frac{f_p}{f_r} \tag{3.1.36}$$

与 Butterworth 低通滤波器的情况有所不同，*Chebyshev* 低通滤波器的传递函数为

$$H(s)=\begin{cases}-\prod\limits_{k=0}^{n-1}\dfrac{s_k}{s-s_k}, & 若n为奇数\\ \dfrac{1}{\sqrt{1+\sigma^2}}\prod\limits_{k=0}^{n-1}\dfrac{s_k}{s-s_k}, & 若n为偶数\end{cases} \tag{3.1.37}$$

式中，传递函数的极点为

$$s_k=\sin\left[(2k+1)\frac{\pi}{2n}\right]\sinh\left[\frac{1}{n}\operatorname{arc}\sinh\frac{1}{\sigma}\right]+\mathrm{j}\cos\left[(2k+1)\frac{\pi}{2n}\right]\cosh\left[\frac{1}{n}\operatorname{arc}\sinh\frac{1}{\sigma}\right]$$

（3.1.38）

其中 k=0，1，…，n−1。

归一化 Chebyshev 低通滤波器的传递函数为

$$H_1(s)=\frac{1}{p(s)} \tag{3.1.39}$$

式中 $p(s)$ 称为归一化 Chebyshev 低通滤波器的分母多项式。

和 Butterworth 低通滤波器的情况相类似，在设计出归一化 Chebyshev 低通滤波器的传递函数 $H_1(s)$ 后，我们也可利用

$$H(s)=H_1\left(\frac{s}{\omega_c}\right) \tag{3.1.40}$$

直接得到非归一化 Chebyshev 低通滤波器的传递函数。式中，截止频率 w_c 仍然可以按照式（3.1.29）和式（3.1.30）计算。

例 3. 1. 2 试分别设计归一化和非归一化 Chebyshev 低通滤波器，要求它们在 w_p 以下频率的脉动不超过 2dB，而在高于 $4w_p$ 的频率的衰减则不得低于 50dB。

解： 由题意知，设计规格 $A=\{f_p,\ f_r,\ A_p,\ A_r\}$ 的各个参数为

$$f_p=2\pi\omega_p,\quad f_r=2\pi\omega_r=8\pi\omega_p,\quad A_P\leqslant 2\text{dB},n\quad A_r\geqslant 50\text{dB}$$

于是，可以得到以下结果：

$$\sigma=\sqrt{10^{0.1\times A_P}-1}=\sqrt{10^{0.2}-1}=0.7648$$

$$k=\frac{f_p}{f_r}=\frac{\omega_p}{4\omega_p}=0.25$$

$$d=\frac{\sigma}{\sqrt{10^{0.1\times A_r}-1}}=\frac{0.7648}{\sqrt{10^5-1}}=0.0024$$

$$n\geqslant\left|\frac{\operatorname{arc}\cosh(d-1)}{\operatorname{arc}\cosh(k-1)}\right|=\left|\frac{\ln(\mathrm{d}^{-1}+\sqrt{d^{-2}-1})}{\ln(k^{-1}+\sqrt{k^{-2}-1})}\right|=\frac{6.7254}{1.4166}=4.7476$$

取 n=5。对应于 2dB 波纹的归一化 5 阶 Chebyshev 低通滤波器的传递函数为

$$H_1(s)=\frac{1}{(s+0.21831)(s^2+0.13492s+0.95217)(s^2+0.35323s+0.39315)}$$

利用式（3.1.29）求出截止频率

$$\omega_c=\omega_p(10^{0.1\times A_P}-1)^{-1/2n}=(10^{0.2}-1)^{-1/10}\omega_p=1.0551\omega_p\quad(\text{rad/s})$$

于是，非归一化 5 阶 Chebyshev 低通滤波器的传递函数$H(s)=H_1(s/\omega_c)$，即有

$$H(s)=\frac{1}{(\frac{s}{1.0551\omega_p}+0.21831)\left[(\frac{s}{1.0551\omega_p})^2+\frac{0.13492s}{1.0551\omega_p}+0.95217\right]}$$

$$\times\frac{1}{(\frac{s}{1.0551\omega_p})^2+\frac{0.35323s}{1.0551\omega_p}+0.39315}$$

$$=\frac{1.3076\omega_p^5}{(s+0.2303\omega_p)(s^2+0.1424\omega_p s+1.0600\omega_p^2)(s^2+0.3727\omega_p s+0.4148\omega_p^2)}$$

四、椭圆低通滤波器逼近

椭圆滤波器（ellipticfilter）的平方幅值响应函数定义为

$$|H(\mathrm{j}\omega)|^2=\frac{1}{1+\sigma^2R_n^2(\omega)} \tag{3.1.41}$$

式中 $R_n(w)$ 为有理式函数，而 σ 是椭圆滤波器的波纹因子。

有理式函数应该具有以下性质：

性质 1 当 n 为偶数时，$R_n(w)$ 为偶函数：而若 n 为奇数，则 $R_n(w)$ 亦为奇函数。

性质 2 函数 $R_n(w)$ 的零点位于频率范围$|\omega|<1$内，而其极点则位于频率范围$|\omega|>1$内。

性质 3 通带内的函数值 $R_n(w)$ 在 ±1 之间震荡。

性质 4 当频率 w=1 时，函数 $R_n(w)$=1。

性质 5 阻带内的函数值 $R_n(w)$ 在 ±1/d 之间震荡，其中 d 由式（3.1.26）决定。相对于中心频率 w_0=1 归一化的有理式函数 $R_n(w)$ 为

$$R_n(\omega)=\begin{cases}\omega\prod\limits_{i=1}^{(n-1)/2}\dfrac{\omega_i^2-\omega^2}{1-\omega_i^2\omega^2}, & 若n为奇数\\ \prod\limits_{i=1}^{n/2}\dfrac{\omega_i^2-\omega^2}{1-\omega_i^2\omega^2}, & 若n为偶数\end{cases} \tag{3.1.42}$$

采用归一化有理式函数的椭圆滤波器称为归一化椭圆滤波器。下面介绍归一化椭圆滤波器的两种设计方法：

（一）归一化椭圆滤波器设计方法

给定滤波器规格 $A=\{f_p, f_r, A_p, A_r\}$。

步骤 1 利用所给定的设计规格，计算选择参数

$$k=\frac{f_p}{f_r} \tag{3.1.43}$$

和识别因子

$$d=\sqrt{\frac{10^{0.1\times A_p}-1}{10^{0.1\times A_r}-1}} \tag{3.1.44}$$

步骤 2 定义

$$q_0=\frac{1}{2}\frac{1-(1-k^2)^{1/4}}{1+(1-k^2)^{1/4}} \tag{3.1.45}$$

并计算

$$q=q_0+2q_0^5+15q_0^9+150q_0^{13} \tag{3.1.46}$$

步骤 3 取满足不等式

$$n\geqslant\left|\frac{\log(16/\mathrm{d}^2)}{\log(1/q)}\right| \tag{3.1.47}$$

的最小整数 n 作为椭圆滤波器的阶次。

步骤 4 计算波纹因子

$$\sigma=\sqrt{10^{0.1\times A_p}-1} \tag{3.1.48}$$

步骤 5 定义

$$\beta=\frac{1}{2\pi}\ln\frac{(1+\sigma^2)^{1/2}+1}{(1+\sigma^2)^{1/2}-1} \tag{3.1.49}$$

步骤 6 计算

$$a=\frac{2q^{1/4}\sum\limits_{m=1}^{\infty}(-1)^m q^{m(m+1)}\sinh\left[(2m+1)\beta\right]}{1+\sum\limits_{m=1}^{\infty}(-1)^m q^{m^2}\cosh(2m\beta)} \tag{3.1.50}$$

和

$$\omega_i=\frac{2q^{1/4}\sum\limits_{m=0}^{\infty}(-1)^m q^{m(m+1)}\sin\left[(2m+1)\pi l/n\right]}{1+2\sum\limits_{m=0}^{\infty}(-1)^m q^{m^2}\cos(2m\pi l/n)} \tag{3.1.51}$$

式中

$$l=\begin{cases} i-\dfrac{1}{2},i=1,2,\cdots,\dfrac{n}{2}, & \text{若}n\text{为偶数} \\ i,i=1,2,\cdots,(n-1)/2, & \text{若}n\text{为奇数} \end{cases}$$

步骤 7 定义

$$U=\sqrt{(1+ka^2)(1+\frac{a^2}{k})} \quad 和 \quad V_{\mathrm{i}}=\sqrt{(1-k\omega_i^2(1+\frac{\omega_i^2}{k})} \tag{3.1.52}$$

步骤 8 令

$$a_i=\frac{1}{\omega_i^2}, \quad b_i=\frac{2aV_i}{1+a^2\omega_i^2}, \quad c_i=\frac{(aV_i)^2+(\omega_i U)^2}{(1+a^2\omega_i^2)^2} \tag{3.1.53}$$

步骤 9 求

$$H_0=\begin{cases} a\prod\limits_{i=1}^{(n-1)/2}\dfrac{c_i}{a_i}, & n为奇数 \\ \dfrac{1}{\sqrt{1+\sigma^2}}\prod\limits_{i=1}^{n/2}\dfrac{c_i}{a_i}, & n为偶数 \end{cases} \tag{3.1.54}$$

步骤 10 椭圆滤波器的传递函数为

$$H(s)\Rightarrow\begin{cases} \dfrac{H_0}{\mathrm{s}+a}\prod\limits_{i=1}^{(n-1)/2}\dfrac{s^2+a_i}{s^2+b_i\mathrm{s}+c_i}, & n为奇数 \\ H_0\prod\limits_{i=1}^{n/2}\dfrac{s^2+a_i}{s^2+b_i s+c_i}, & n为偶数 \end{cases} \tag{3.1.55}$$

注释 1: 若步骤 10 中的 Laplace 算子 s 用 s/w_0 代替，其中 $\omega_0=\sqrt{\omega_{\mathrm{p}}\omega_{\mathrm{r}}}$，则得到的是非归一化的椭圆滤波器的传递函数。

注释 2: 步骤 6 的求和收敛很快，一般只需要 4 或 5 项求和，即可得到很好的计算精度。

（二）归一化椭圆滤波器设计方法

步骤 1 利用给定的滤波器设计规格 $A=\{\omega_P,\omega_r,A_P,A_r\}$，计算选择参数

$$k=\frac{\omega_p}{\omega_r}, \qquad k'=\sqrt{1-k^2} \tag{3.1.56}$$

和识别因子

$$d=\sqrt{\frac{10^{0.1\times A_P}-1}{10^{0.1\times A_r}-1}} \tag{3.1.57}$$

步骤 2 计算

$$q_0=\frac{1}{2}(\frac{1-\sqrt{k'}}{1+\sqrt{k'}}) \tag{3.1.58}$$

$$q=q_0+2q_0^5+15q_0^9+150q_0^{13} \tag{3.1.59}$$

步骤 3　选择满足不等式

$$n \geqslant \left|\frac{\log(16/\mathrm{d}^2)}{\log(1/q)}\right| \tag{3.1.60}$$

的最小整数为椭圆滤波器的阶数。

步骤 4　求

$$\gamma = \frac{1}{2\pi}\ln\frac{10^{0.05\times A_P}+1}{10^{0.05\times A_r}-1} \tag{3.1.61}$$

步骤 5　计算

$$\sigma_0 = \left|\frac{2q^{1/4}\sum_{m=0}^{\infty}(-1)^m q^{m(m+1)}\sinh\left[(2m+1)\gamma\right]}{1+2\sum_{m=0}^{\infty}(-1)^m q^{m^2}\cosh(2m\gamma)}\right| \tag{3.1.62}$$

$$W = \sqrt{(1+k\sigma_0^2)(1+\frac{\sigma_0^2}{k})} \tag{3.1.63}$$

步骤 6　令

$$r = \begin{cases} \dfrac{n-1}{2}, & 若n为奇数 \\ \dfrac{n}{2}, & 若n为偶数 \end{cases} \tag{3.1.64}$$

对 i=1，2，…，r，计算

$$\Omega_i = \frac{2q^{1/4}\sum_{m=0}^{\infty}(-1)^m q^{m(m+1)}\sin\left[\dfrac{(2n+1)\pi\mu}{n}\right]}{1+2\sum_{m=0}^{\infty}(-1)^m q^{m^2}\cos(\dfrac{2m\pi\mu}{n})} \tag{3.1.65}$$

$$V_i = \sqrt{(1-k\Omega_i^2(1-\frac{\Omega_i^2}{k})} \tag{3.1.66}$$

式中

$$\mu = \begin{cases} i, & 若n为奇数 \\ i-\dfrac{1}{2}, & 若n为偶数 \end{cases}$$

步骤 7 对 i=1，2，⋯，r，令

$$a_{0i}=\frac{1}{\Omega_i^2},\quad b_{0i}=\frac{2\sigma_0 V_i}{1+\sigma_0^2\Omega_i^2},\quad c_{0i}=\frac{(\sigma_0 V_i)^2+(\Omega_i W)^2}{(1+\sigma_0^2\Omega_i^2)^2} \tag{3.1.67}$$

步骤 8 计算

$$H_0=\begin{cases}\sigma_0\prod_{i=1}^{r}\frac{b_{0i}}{a_{0i}}, & \text{若}n\text{为奇数}\\ 10^{-0.05\times A_p}\prod_{i=1}^{r}\frac{b_{0i}}{a_{0i}}, & \text{若}n\text{为偶数}\end{cases} \tag{3.1.68}$$

步骤 9 归一化椭圆滤波器的传递函数为

$$H(s)=\begin{cases}\frac{H_0}{s+\sigma_0}\prod_{i=1}^{r}\frac{s^2+a_{0i}}{s^2+b_{0i}s+c_{0i}}, & \text{若}n\text{为奇数}\\ H_0\prod_{i=1}^{r}\frac{s^2+a_{0i}}{s^2+b_{0i}s+c_{0i}}, & \text{若}n\text{为偶数}\end{cases} \tag{3.1.69}$$

注释 1：若步骤 9 中的 Laplace 算子 s 用 s/w_0 代替，其中 $\omega_0=\sqrt{\omega_p\omega_r}$，则得到的是非归一化的椭圆滤波器的传递函数。

注释 2：步骤 5 和步骤 6 中的求和收敛很快，一般只需要 3 ~ 4 项求和，即可得到很好的计算精度。

例 3.1.3 应用方法 2 设计一个归一化椭圆低通滤波器，要求其满足以下设计规格：

$$f_p=1000\text{Hz},\quad f_r=4000\text{Hz},\quad A_P\leqslant 0.2\text{dB},\quad A_r\geqslant 50\text{dB}$$

解：由步骤 1 ~ 步骤 3，计算得

$$k=0.25,\ k'=0.9682,\ D=2{,}121{,}800,\ q_0=0.0041,$$
$$q=0.0041,\ n\geqslant 3.2829\ \text{取}n=4$$

取 n=4 由步骤 4 ~ 步骤 7，可得下列计算结果：

$$\gamma=-0.3462,\ \sigma_0=0.1806,\ W=0.9444,\ \Omega_1=0.1921,$$
$$\Omega_2=0.4638,\ V_1=0.9190,\ V_2=0.3636$$

由步骤 8 得 $H_0=1.3351\times 10^{-4}$。最后，归一化椭圆低通滤波器的传递函数为

$$H(s)=1.3351\times 10^{-4}\left(\frac{s^2+27.1018}{s^2+0.3315s+0.0695}\right)\left(\frac{s^2+4.6495}{s^2+0.1304s+0.2477}\right)$$

本节只讨论了三种归一化模拟低通滤波器的设计。然而，利用归一化模拟低通滤波器更容易设计出非归一化的数字低通、高通、带通和带阻滤波器。

第二节　数字滤波器分类

令模拟滤波器的频率响应为 $H(e^{j2\pi ft})$。现在考虑使用采样频率（也称采样速率 f_s 对模拟滤波器进行数字化，所得到的滤波器称为数字滤波器。此时，数字滤波器的冲激响应 $h(nT_S)$ 便是以相同采样时间间隔 T_s 从 $h(t)$ 采样得到的样本：

$$h(0), h(T_s), \cdots, h(kT_S), \cdots$$

因此，采样频率 f_s 是采样时间间隔 T_s 的倒数，即 $f_s=1/T_s$。

数字角频率用 w 表示，通常考虑 $0 \leqslant w \leqslant 2\pi$。数字（圆）频率定义为

$$f = \frac{\omega}{2\pi},\ 0 \leqslant f \leqslant 1$$

其单位为 Hz，与之对应的角频率 w 的单位为 rad/s（弧度 / 秒）。

使用数字滤波器对离散信号 $x(n)$ 进行滤波时，若离散信号 $x(n)$ 的采样间隔为 T_s，则意味着采样频率 $f_s = \frac{1}{T_s}$ 等于或大于信号 $x(n)$ 的最高频率 f_{max} 的 2 倍，即有 $\frac{1}{T_a} \geqslant 2f_{max}$。由此可知，信号 $x(n)$ 最高频率 $f_{max} \leqslant \frac{1}{2}f_s = \frac{1}{2T_s}$，故只需要在频率范围 $\left[-\frac{1}{2T_s}, \frac{1}{2T_s}\right]$ 之内讨论数字滤波器的响应。

为方便设计与计算，在信号处理中常使用归一化的采样时间间隔 $T_s=1$。于是，采样频率 $f_s=1$，也被归一化。此时，对于线性常系数数字滤波器，通常只关心频率区间 $0 \leqslant |f| \leqslant 0.5$ 或 $0 \leqslant |\omega| \leqslant \pi$。注意，归一化的频率不再以 Hz 为单位，而是一种无量纲的频率。如果我们需要知道以 *Hz* 为单位的实际频率，则只要将无量纲的频率乘以实际的采样频率 $\frac{1}{T_s'}$ 即可，其中 T_s' 是以秒为单位的实际采样时间间隔。

一、有限冲激响应（FIR）滤波器

若数字滤波器的冲激响应（序列）为 $h(n)$，则其 z 变换 $H(z)$ 称为数字滤波器的传递函数，而 $H(e^{j\omega T_s}) = H(z)|_z = \exp(j\omega T_s)$ 称为数字滤波器的频率响应。

数字滤波器的 z 变换 $H(z)$ 直接给出滤波器的数字实现形式，因为 $z{-1}$ 代表一单位延迟因子，可用延迟单元直接实现；另外，画出传递函数 $H(e^{j\omega T_s})$ 或 $H(e^{j2\pi fT_s})$ 的图形，又可直观地看出滤波器数字实现后的频率响应，以便于评价数字滤波器的滤波性能。

按照冲激响应划分，数字滤波器分为有限冲激响应滤波器和无限冲激响应滤波器。

有限冲激响应滤波器简称FIR滤波器，其中FIR是有限冲激响应（finite impulse response）的英文缩写。有限冲激响应滤波器也称有限阶滤波器，滤波器的抽头个数 N 称为滤波器的阶数。有限冲激响应滤波器又称非递归滤波器（nonrecursive filter），因为有限个冲激响应可以使用非递归的简单方式实现。

无限冲激响应滤波器简称IIR滤波器，其中IIR是无限冲激响应（infinite impulse response）的英文缩写。由于只有采用递归形式才能实现无限多个冲激响应，所以无限冲激响应滤波器又称为递归滤波器（recursive filter）。

根据数字滤波器 z 变换 $H(z)$ 的形式，数字滤波器分为以下四大类：

（1）非因果 *IIR* 滤波器

$$H(z)=\sum_{n=-\infty}^{\infty}h(n)z^{-n} \tag{3.2.1}$$

（2）因果 *IIR* 滤波器

$$H(z)=\sum_{m=0}^{\infty}h(n)z^{-n} \tag{3.2.2}$$

（3）非因果 *FIR* 滤波器

$$H(z)=\sum_{n=-(N-1)/2}^{(N-1)/2}h(n)z^{-n} \tag{3.2.3}$$

（4）因果 *FIR* 滤波器

$$H(z)=\sum_{n=0}^{N-1}h(n)z^{-n} \tag{3.2.4}$$

按照实现方式的不同，数字滤波器分为递归滤波器和非递归滤波器。

由于因果滤波器是物理可实现的，并且FIR滤波器只有 N 个抽头 $h(0)$，$h(l)$，…，$h(N-1)$，其实现简单，所以本节以因果FIR滤波器为主要讨论对象。

在式（3.2.4）中令 $z=\mathrm{e}^{\mathrm{j}2\pi fT_s}$，便得到滤波器的频率响应

$$H(\mathrm{e}^{\mathrm{j}2\pi fT_s})=M(f)\mathrm{e}^{\mathrm{j}\theta(f)}=\sum_{n=0}^{N-1}h(n)\mathrm{e}^{-\mathrm{j}2\pi fnT_S} \tag{3.2.5}$$

式中

$$M(f)=|H(\mathrm{e}^{\mathrm{j}2\pi fT_s})| \quad 和 \quad \theta(f)=\arg H(\mathrm{e}^{\mathrm{j}2\pi fT_s}) \tag{3.2.6}$$

分别称为滤波器的幅频响应和相频响应。

由于非因果FIR滤波器的冲激响应满足关系

$$h(n)=0, \quad |n|>\frac{N-1}{2} \tag{3.2.7}$$

所以非因果FIR滤波器的 z 变换为

$$H(z)=h(0)+\sum_{n-1}^{(N-1)/2}\left[h(-n)z^{n}+h(n)z^{-n}\right] \quad (3.2.8)$$

滤波器的频率响应 $H(e^{j2\pi fT_s})=|H(z)|_{z=\exp(j2\pi fT_s)}$ 通常是在频率范围 $\left[-\frac{1}{2T_s},\frac{1}{2T_s}\right]$ 内规定的。于是，对频率响应作 Fourier 逆变换后，得到的冲激响应 $h(n)$ 是以 $n=0$，±1，±2…的形式给出的。换言之，所对应的滤波器是非因果的，不能物理实现，因此，我们需要将非因果的滤波器转换成因果滤波器实现。具体方法是通过直接得到与式（3.2.8）相对应的因果 FIR 滤波器的 z 变换，式中，$a_0=h(0)$，$a_n=2h(n)$。归纳以上讨论，滤波器的设计应该包括以下主要步骤：

$$H'(z)=z^{-(N-1)/2}H(z)=z^{-(N-1)/2}\sum_{n=0}^{(N-1)/2}\frac{a_n}{2}(z^{n}+z^{-n}) \quad (3.2.9)$$

1. 根据有关滤波要求，确定数字滤波器的理想频率响应函数 $H(e^{j2\pi fT_s})$；

2. 对频率响应进行离散 Fourier 逆变换，得到 FIR 滤波器的理想冲激响应 $h(n)$，$h=0$，±1，±2…，它是非因果形式的；

3. 利用式（3.2.9）求出因果 FIR 滤波器的 z 变换 $H(z)$。令 $z=e^{j2\pi fT_s}$，由 $H(z)$ 直接得到物理可实现的因果 FIR 滤波器的频率响应 $H(e^{j2\pi fT_s})$。

本章以后的内容都是围绕数字滤波器的上述设计步骤这一主题展开讨论的。

二、经典数字滤波器

数字滤波器的基本作用就是通过放大或衰减信号频谱中的某个部分，以达到改变信号谱信息之目的。信号被放大或通过，而又没有比较明显衰减的频率范围称为数字滤波器的通带（passband）。相反，信号被明显衰减的频率范围叫作数字滤波器的阻带（stopband）。通带和阻带之间的频率范围称为滤波器的过渡带（transition band）。如果通带由 $[f_{p1}, f_{p2}]$ 组成，则 f_{p1} 和 f_{p2} 分别称为通带的下边缘频率和上边缘频率。类似地，阻带 $[f_{r1}, f_{r2}]$ 的频率和分别称为阻带的下边缘频率和上边缘频率。

理想数字滤波器要求信号在通带内无衰减通过，即其频率响应满足 $H(e^{j2\pi fT_s})=1$；而在阻带内完全被阻隔，即要求频率响应 $H(e^{j2\pi fT_s})=0$。

根据频率响应 $H(e^{j2\pi fT_s})$ 的不同，经典的理想数字滤波器分为以下几种类型：

（一）理想低通滤波器（lowpass filter）

其频率响应为

$$H_{\mathrm{LP,ideal}}(e^{j2\pi fT_s})=\begin{cases}1, & 0\leqslant f\leqslant f_p\\ 0, & f_p<|f|\leqslant\frac{1}{2}f_s\end{cases} \quad (3.2.10)$$

即理想低通滤波器只通过某个低频率范围内的信号分量，而衰减或拒绝其他较高频率的所有信号分量，其中，$[0, f_p]$ 和 $\left(f_p, \frac{1}{2}f_s\right]$ 分别是理想低通滤波器的通带和阻带。

（二）理想高通滤波器（highpass filter）

只通过某个高频率范围内的信号分量，而衰减或拒绝较低频率内的所有信号分量：

$$H_{\mathrm{HP,ideal}}(\mathrm{e}^{\mathrm{j}2\pi fT_s})=\begin{cases}0, & 0\leqslant|f|<f_p\\ 1, & f_p\leqslant|f|\leqslant\frac{1}{2}f_s\end{cases} \tag{3.2.11}$$

其中，$[0, f_p)$ 和 $\left[f_p, \frac{1}{2}f_s\right]$ 分别是理想高通滤波器的阻带和通带。

（三）理想带通滤波器（bandpass filter）

只通过某个频率范围 $f_{p1}\leqslant|f|\leqslant f_{p2}$ 内的信号分量，而衰减或拒绝其他频率范围内的所有信号分量：

$$H_{\mathrm{BP,ideal}}(\mathrm{e}^{\mathrm{j}2\pi fT_s})=\begin{cases}0, & 0\leqslant|f|<f_{p1}\\ 1, & f_{p1}\leqslant|f|\leqslant f_{p2}\\ 0, & f_{p2}<|f|\leqslant\frac{1}{2}f_s\end{cases} \tag{3.2.12}$$

其中 f_{p1} 和 f_{p2} 分别是带通下边缘频率和带通上边缘频率，$[f_{\mathrm{p1}}, f_{\mathrm{p2}}]$ 称为带通滤波器的通带，而 $[0, f_{p1})$ 和 $\left(f_{p2}, \frac{1}{2}f_s\right]$ 是带通滤波器的两个阻带。

（四）理想带阻滤波器（bandstop filter 或 bandreject filter）

只衰减或拒绝频带 $[f_{p1}, f_{p2}]$ 内的信号分量，而可通过其他频率范围的所有信号分量：

$$H_{\mathrm{BR,ideal}}(\mathrm{e}^{\mathrm{j}2\pi fT_s})=\begin{cases}1, & 0\leqslant|f|<f_{r1}\\ 0, & f_{r1}\leqslant|f|\leqslant f_{r2}\\ 1, & f_{r2}<|f|\leqslant\frac{1}{2}f_s\end{cases} \tag{3.2.13}$$

其中 f_{p1} 和 f_{p2} 分别是带阻下边缘频率和带阻上边缘频率，$[f_{p1}, f_{p2}]$ 称为带阻滤波器的阻带，而 $[0, f_{r1})$ 和 $\left(f_{r2}, \frac{1}{2}f_s\right]$ 是带阻滤波器的两个通带。

（五）理想全通滤波器（allpass filter）

可以无衰减地通过所有频率的信号分量：

$$H_{\mathrm{AP,ideal}}(\mathrm{e}^{\mathrm{j}2\pi fT_s})=1,\quad 0\leqslant|f|\leqslant\frac{1}{2}f_s \tag{3.2.14}$$

这种滤波器因为全部频率范围皆为通带而得名。

（六）理想陷波器（notch filter）

只拒绝单个频率f_n（陷波频率）的信号分量，而通过其他所有频率的信号分量：

$$H_{\text{notch,ideal}}(e^{j2\pi fT_s})=\begin{cases}0, & |f|=f_n\\ 1, & |f|\neq f_n\end{cases} \tag{3.2.15}$$

利用上述经典数字滤波器，可以设计具有复杂功能的现代滤波器，如梳状滤波器（pectination filter）、格型滤波器（lattice filter）和脉动滤波器（ripple filter）等。本节只讨论经典数字滤波器的基本设计方法和应用。

第三节　数字滤波器的理想冲激响应

在上节介绍的理想数字滤波器中，通带和阻带是紧密相邻的。然而，实际滤波器的通带和阻带之间总是存在某个过渡（频）带，因此，有必要针对存在过渡带的典型滤波器，重新规范它们的频率响应。着眼于滤波器的数字实现，还需要推导它们的理想冲激响应公式。

一、低通滤波器的理想冲激响应

令低通滤波器的通带为$[0,f_p]$，阻带为$\left[f_r,\dfrac{1}{2}f_s\right]$，则$(f_p,f_r)$构成低通滤波器的过渡带。过渡带的带宽简称过渡带宽，定义为

$$B_t=f_r-f_p \tag{3.3.1}$$

而

$$f_c=f_p+\frac{1}{2}(f_r-f_p)=\frac{1}{2}(f_p+f_r) \tag{3.3.2}$$

称为过渡带的中心频率。

当存在过渡带时，低通滤波器的频率响应并不涉及带通边缘频率f_p和带阻边缘频率f_r，而是以过渡带中心频率f_c为基准进行规范化：

$$H_{\text{LP}}(e^{j2\pi fT_s})=\begin{cases}1, & 0\leqslant|f|\leqslant f_c\\ 0, & f_c<|f|\leqslant\dfrac{1}{2}f_s\end{cases} \tag{3.3.3}$$

图 3-3-1 的虚线画出了低通滤波器的理想增益或幅频响应$|H_{\text{LP}}(e^{j2\pi fT_s})|$曲线。

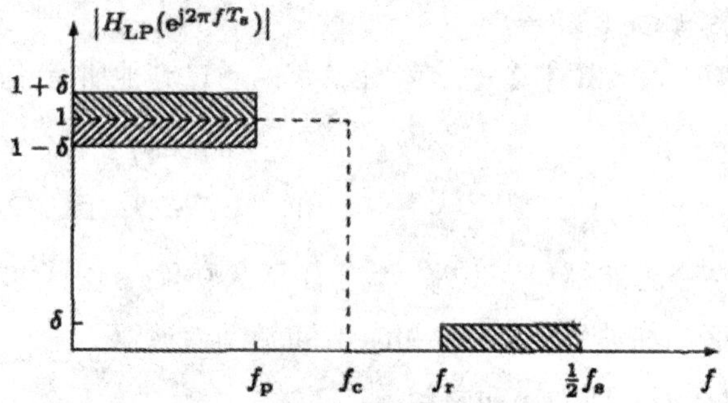

图 3-3-1　低通滤波器的幅频响应

然而，实际设计出来的低通滤波器的幅频响应曲线不是如图中的虚线所示，即在通带内并不要求严格等于 1，而是允许在$[1-\sigma,1+\sigma]$范围内取值：

$$1-\sigma \leqslant |H_{LP}(e^{j2\pi fT_s})| \leqslant 1+\sigma,\quad 0 \leqslant f \leqslant f_p$$

类似地，低通滤波器在阻带内的幅频响应也不要求严格等于 0，而是允许在下列范围内波动：

$$0 \leqslant |H_{LP}(e^{j2\pi fT_s})| \leqslant \sigma,\quad f_r \leqslant f \leqslant \frac{1}{2}f_s$$

也就是说，低通滤波器在通带的幅频响应只要落在图 3–3–1 左上方的阴影区域内，而在阻带的幅频响应也只要落在右下方的阴影区域内，即可视为满足低通滤波器的设计要求。

图 3–3–1 中没有画出低通滤波器在过渡带(f_p, f_r)内的幅频响应取值范围。过渡带内的理想幅频响应曲线应该是一条从$|H_{LP}(e^{\pm j2\pi f_p T_s})|=1$ 下降为$|H_{LP}(e^{\pm j2\pi f_r T_s})|=0$的斜直线。

对频率响应$H_{LP}(e^{j2\pi fT_s})$做离散 Fourier 逆变换，即可求出低通滤波器的理想冲激响应为

$$h_{LP}(n)=\int \frac{1}{2T_s} H_{LP}(e^{j2\pi fnT_s}) e^{j2\pi fnT_s} df$$

$$=\int_0^{f_c} \left[H_{LP}(e^{j2\pi fT_s}) e^{j2\pi fnT_s} + H_{LP}(e^{-j2\pi fT_s}) e^{-j2\pi fnT_s} \right] df$$

$$=\int_0^{f_c} (e^{j2\pi fnT_s} + e^{-j2\pi fnT_s}) df$$

$$=\int_0^{f_c} 2\cos(2\pi fnT_s) df$$

最后得

$$h_{\mathrm{LP}}(n)=\frac{\sin(2\pi f_c nT_s)}{n\pi T_s} \tag{3.3.4}$$

这就是低通滤波器应该具有的理想冲激响应的公式。

图 3–3–2 画出了低通滤波器的理想冲激响应 $h_{\mathrm{LP}}(n)$ 的图形，其中，采样时间间隔取 $T_s=10^{-3}s$，过渡带中心频率设为 f_c=200*Hz*。

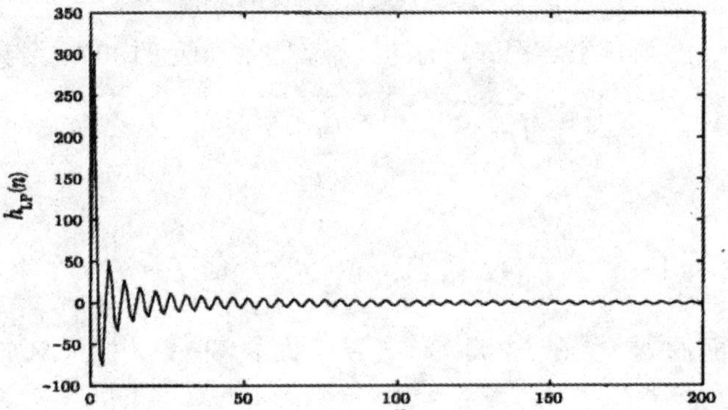

图 3-3-2 低通滤波器的理想冲激响应（$T_S=10^{-3}s$，$f_c=200\mathrm{Hz}$）

二、高通滤波器的理想冲激响应

和低通滤波器一样，高通滤波器的阻带和通带之间也存在一过渡带。令高通滤波器的通带为$\left[f_p,\frac{1}{2}f_s\right]$，阻带为$[0,f_r]$，则$(f_r,f_p)$构成高通滤波器的过渡带，即过渡带宽为

$$B_t=f_p-f_r \tag{3.3.5}$$

其中心频率由下式决定：

$$f_c=\frac{1}{2}(f_r+f_p) \tag{3.3.6}$$

高通滤波器的频率响应为：

$$H_{\mathrm{HP}}(\mathrm{e}^{\mathrm{j}2\pi fT_s})=\begin{cases}0, & 0\leqslant|f|<f_c\\ 1, & f_c\leqslant|f|\leqslant\dfrac{1}{2}f_s\end{cases} \tag{3.3.7}$$

图 3–3–3 的虚线画出了高通滤波器的理想幅频响应$|H_{HP}(e^{j2\pi fT_s})|$。

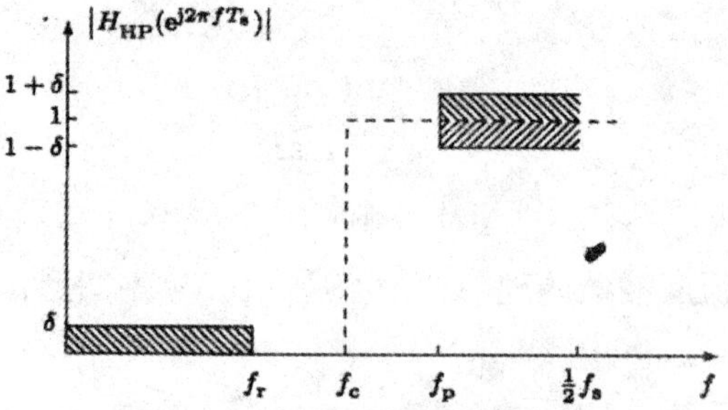

图 3-3-3 高通滤波器的幅频响应

如图 3–3–3 所示，实际能够实现的高通滤波器在阻带和通带内的幅频响应分别允许在范围

$$0 \leqslant H_{HP}(e^{j2\pi fT_s}) \leqslant \delta,\ \ 0 \leqslant f \leqslant f_r$$

和

$$1-\delta \leqslant H_{HP}(e^{j2\pi fT_s}) \leqslant 1+\delta,\ \ f_p \leqslant f \leqslant \frac{1}{2}f_s$$

内波动。高通滤波器在过渡带 (f_r, f_p) 内的理想幅频响应曲线是一条从 $|H_{HP}(e^{\pm j2\pi f_r T_s})| = 0$ 上升为 $|H_{HP}(e^{\pm j2\pi f_p T_s})| = 1$ 的斜直线。

比较式（3.3.3）和式（3.3.7）知，高通和低通滤波器的频率响应存在以下关系：

$$H_{HP}(e^{j2\pi fT_s}) = 1 - H_{LP}(e^{j2\pi fT_s}),\ \ \forall\, 0 \leqslant f \leqslant \frac{1}{2}f_s \tag{3.3.8}$$

对上式两边作离散 Fourier 逆变换，并利用式（3.3.4）的结果以及熟知的 Fourier 变换 $\delta(n) \leftrightarrow \frac{1}{T_s}$ 对即得到高通滤波器的理想冲激响应为

$$h_{HP}(n) = \frac{1}{T_s}\delta(n) - \frac{\sin(2\pi f_c n T_s)}{n\pi T_s} \tag{3.3.9}$$

图 3–3–4 画出了高通滤波器的理想冲激响应的图形，其中，采样时间间隔取 T_s=$10^{-3}s$，过渡带中心频率设为 f_c=400Hz。

式（3.3.8）表明高通滤波器可以由低通滤波器实现，如图 3–3–5 所示，图中，S 代表一求和器，滤波器的输出信号 $y(n)$ 是其输入信号 $x(n)$ 的高通滤波结果。

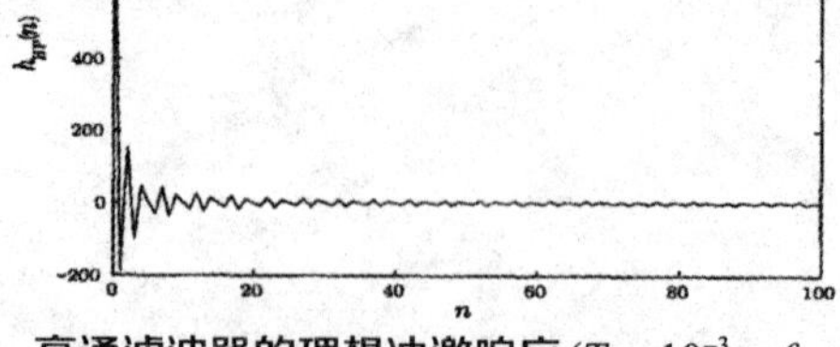

图 3-3-4 高通滤波器的理想冲激响应 $(T_s = 10^{-3}s, f_c = 400Hz)$

图 3-3-5　用低通滤波器实现高通滤波器

三、带通滤波器的理想冲激响应

实际的带通滤波器一般有一个通带和两个阻带。若带通滤波器的通带为$\left[f_{p1}, f_{p2}\right]$两个阻带分别为$\left[0, f_{r1}\right]$和$\left[f_{r2}, \frac{1}{2}f_s\right]$，则带通滤波器有两个过渡带宽

$$B_{t1}=f_{p1}-f_{r1} \quad 和 \quad B_{r2}=f_{r2}-f_{p2} \tag{3.3.10}$$

这两个过渡带宽中的最小带宽定义为带通滤波器的过渡带宽，即

$$B_t=\min\left[\left(f_{p1}-f_{r1}\right),\left(f_{r2}-f_{p2}\right)\right] \tag{3.3.11}$$

带通滤波器的理想频率响应为

$$H_{\mathrm{BP}}(\mathrm{e}^{\mathrm{j}2\pi fT_s})=\begin{cases}0, & 0\leqslant|f|<f_{c1}\\ 1, & f_{c1}\leqslant|f|\leqslant f_{c2}\\ 0, & f_{c2}<|f|\leqslant\frac{1}{2}f_s\end{cases} \tag{3.3.12}$$

其中

$$f_{c1}=f_{p1}-\frac{1}{2}B_t \quad 和 \quad f_{c2}=f_{p2}+\frac{1}{2}B_t \tag{3.3.13}$$

分别是过渡带$\left[f_{r1}, f_{p1}\right]$和$\left[f_{p2}, f_{r2}\right]$的中心频率。

图 3-3-6 的虚线画出了带通滤波器的理想幅频响应$|H_{\mathrm{BP}}(\mathrm{e}^{\mathrm{j}2\pi fT_s})|$。

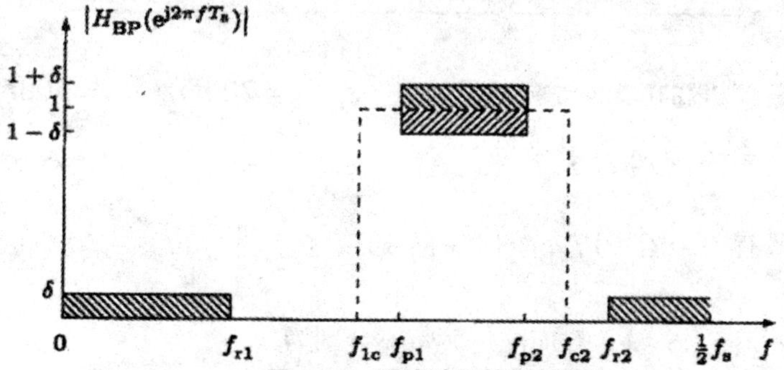

图 3-3-6　通滤波器的幅频响应

频率响应 $H_{\mathrm{BP}}(\mathrm{e}^{\mathrm{j}2\pi fT_s})$ 的离散 *Fourier* 逆变换给出带通滤波器的理想冲激响应：

$$h_{\mathrm{BP}}(n)=\int_{-\frac{1}{2T_s}}^{\frac{1}{2T_s}} H_{\mathrm{BP}}(\mathrm{e}^{\mathrm{j}2\pi fT_s})\mathrm{e}^{\mathrm{j}2\pi fnT_s}\mathrm{d}f$$

$$=\int_{f_{c1}}^{f_{c2}}(\mathrm{e}^{\mathrm{j}2\pi fnT_s}+\mathrm{e}^{-\mathrm{j}2\pi fnT_s})\mathrm{d}f$$

$$=\int_{f_{c1}}^{f_{c2}}2\cos(2\pi fnT_s)\mathrm{d}f$$

$$=\frac{1}{n\pi T_s}\sin(2\pi fnT_s)\Big|_{f=f_{c1}}^{f_{c2}}$$

即有

$$h_{\mathrm{BP}}(n)=\frac{1}{n\pi T_s}\left[\sin\left(2\pi f_{c2}nT_s\right)-\sin\left(2\pi f_{c1}nT_s\right)\right] \tag{3.3.14}$$

$$=\frac{2}{n\pi T_s}\sin\left[\pi\left(f_{c2}-f_{c1}\right)nT_s\right]\cos\left[\pi\left(f_{c2}+f_{c1}\right)nT_s\right] \tag{3.3.15}$$

当采样时间间隔取 $T_s=10^{-3}s$，过渡带中心频率取 $f_{c1}=200\mathrm{Hz}, f_{c2}=500\mathrm{Hz}$ 时，图 3-3-7 给出了带通滤波器的理想冲激响应 $h_{BP}(n)$ 的图形。

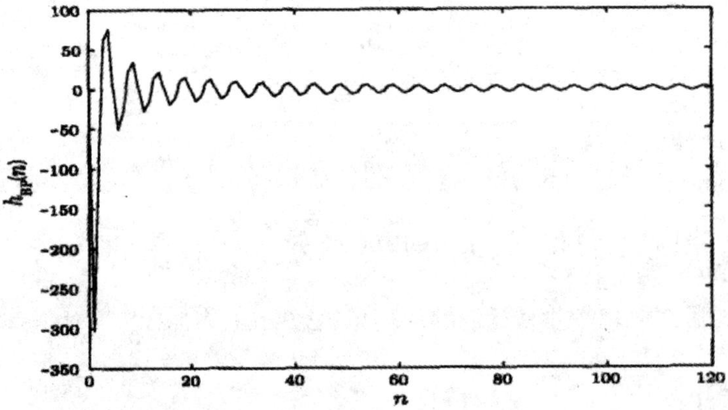

图 3-3-7 带通滤波器的理想冲激响应 $\left(T_s=10^{-3}s, f_{c1}=200\mathrm{Hz}, f_{c2}=500\mathrm{Hz}\right)$

四、带阻滤波器的理想冲激响应

带阻滤波器一般有一个阻带 $[f_{r1}, f_{r2}]$ 和两个通带 $\left[0, f_{p1}\right]$ 与 $\left[f_{p2}, \frac{1}{2}f_s\right]$。因此，两个过渡带分别为 $\left(f_{p1}, f_{r1}\right)$ 和 $\left(f_{r2}, f_{p2}\right)$，对应的过渡带宽分别为

$$B_{t1}=f_{r1}=f_{p1} \quad \text{和} \quad B_{t2}=f_{p2}-f_{r2} \tag{3.3.16}$$

两者之中的最小值

$$B_t=\min\left(B_{t1},B_{t2}\right)=\min\left[\left(f_{r1}-f_{p1}\right),\left(f_{p2}-f_{r2}\right)\right] \tag{3.3.17}$$

称为带阻滤波器的过渡带宽。两个过渡带的中心频率分别为

$$f_{c1}=f_{p1}+\frac{B_t}{2} \quad \text{和} \quad f_{c2}=f_{p2}-\frac{B_t}{2} \tag{3.3.18}$$

利用过渡带宽的中心频率，可以规范带阻滤波器的频率响应为

$$H_{\mathrm{BR}}(\mathrm{e}^{\mathrm{j}2\pi fT_s})=\begin{cases}1, & 0\leqslant|f|\leqslant f_{c1}\\ 0, & f_{c1}<|f|<f_{c2}\\ 1, & f_{c2}\leqslant|f|\leqslant\frac{1}{2}f_s\end{cases} \tag{3.3.19}$$

参见图 3–3–8 所示。

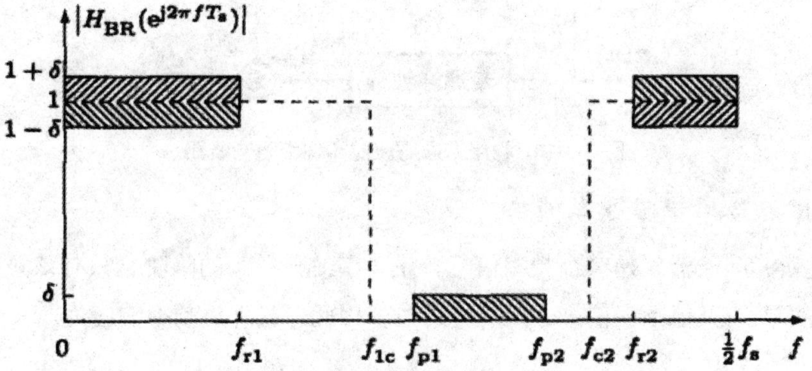

图 3-3-8 带阻滤波器的幅频响应

比较带阻滤波器和带通滤波器的频率响应，易知它们之间存在以下关系：

$$H_{\mathrm{BR}}\left(\mathrm{e}^{\mathrm{j}2\pi fT_s}\right)=1-H_{\mathrm{BP}}(\mathrm{e}^{\mathrm{j}2\pi fT_s}) \tag{3.3.20}$$

对上式两边作 *Fourier* 逆变换，立即得到带阻滤波器的理想冲激响应

$$h_{\mathrm{BR}}(n)=\frac{1}{T_s}\delta(n)-\frac{2\sin\left[\left(f_{c2}-f_{c1}\right)nT_s\right]\cos\left[\pi\left(f_{c2}+f_{c1}\right)nT_s\right]}{n\pi T_s} \tag{3.3.21}$$

图 3–3–9 画出的曲线是带阻滤波器的理想冲激响应，其中采样时间间隔 T_s=$10^{-3}s$，过渡带中心频率 f_{c1}=200Hz，f_{c2}=500Hz。

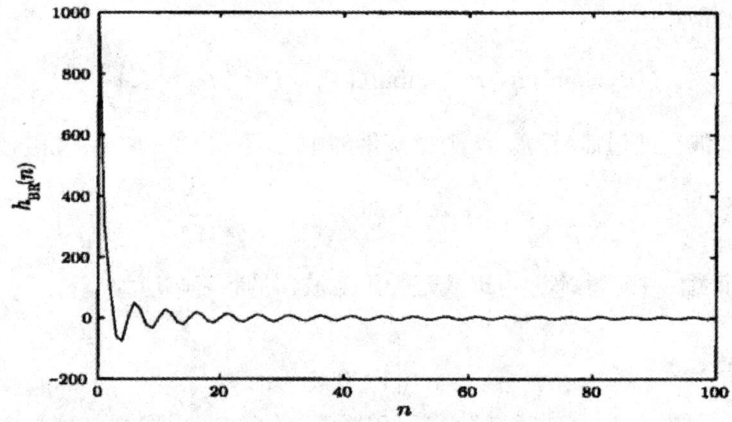

图 3-3-9 带阻滤波器的理想冲激响应（$T_s=10^{-3}s$，f_{c1}=200Hz，f_{c2}=500Hz）

由式（3.3.20）知，带阻滤波器可以用带通滤波器实现，如图 3-3-10 所示，图中，滤波器的输出信号 $y(n)$ 是其输入信号 $x(n)$ 的带阻滤波结果。

图 3-3-10 利用带通滤波器实现带阻滤波器

五、陷波器的理想冲激响应

形象地讲，陷波器就是某个频率信号分量（谐波分量）的陷阱：只有该频率的信号分量被阻隔，而所有其他频率信号分量均可通过，因此，其理想频率响应为

$$H_{\text{notch}}\left(e^{j2\pi fT_s}\right)=\delta\left(|f|-f_n\right)=\begin{cases}0, & |f|=f_n\\1, & |f|\neq f_n\end{cases} \tag{3.3.22}$$

式中 f_n 代表被陷波的频率。陷波器的幅频响应示意图如图 3-3-11 所示。

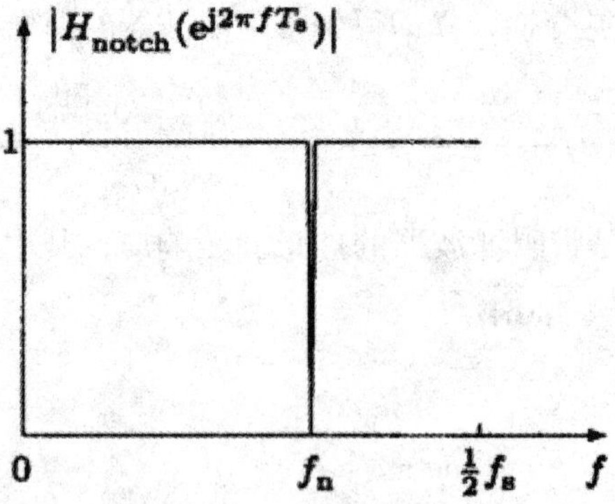

图 3-3-11 陷波器的幅频响应

频率响应 $H_{\text{notch}}\left(e^{j2\pi fT_s}\right)$ 的离散 Fourier 逆变换给出陷波器的理想冲激响应

$$h_{\text{notch}}(n)=\int_{-\frac{1}{2T_s}}^{\frac{1}{2T_s}}\delta\left(|f|-f_n\right)e^{j2\pi fnT_s}df=e^{j2\pi fnT_s}+e^{-j2\pi f_n nT_s}$$

即有

$$h_{\text{notch}}(n)=2\cos\left(2\pi nT_s f_n\right) \tag{3.3.23}$$

陷波器的一个典型应用就是使用 50Hz(或 60Hz) 的陷波器，滤除掉医疗仪和测量仪等科学、工业仪器中的交流电干扰。

与理想陷波器相反，只通过某个谐波信号的滤波器称为理想谱线增强器（line enhancer, LE）：

$$H_{\text{LE}}\left(e^{j2\pi fT_s}\right)=1-\delta\left(|f|-f_e\right)=\begin{cases}1, & |f|=f_e\\0, & |f|\neq f_e\end{cases} \tag{3.3.24}$$

式中 f_e 代表被增强的频率。图 3–3–12 画出了谱线增强器的理想幅频响应曲线，该曲线是谱线增强的一个生动解释。

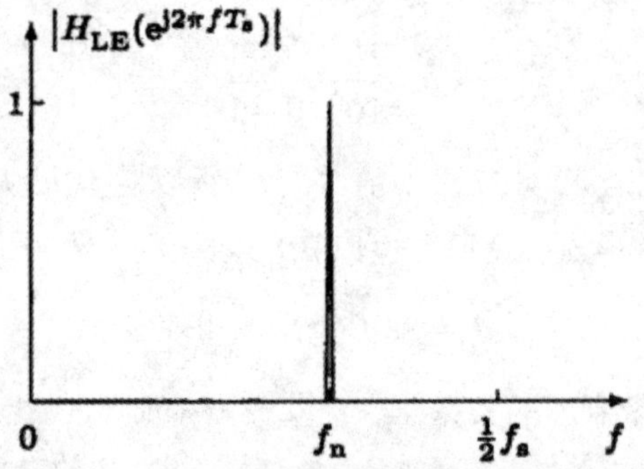

图 3-3-12　谱线增强器的幅频响应

由式（3.3.24）和式（3.3.23）易知，谱线增强器的理想冲激响应为

$$h_{\text{LE}}(n)=\frac{1}{T_s}\delta(n)-2\cos\left(2\pi nTf_n\right) \tag{3.3.25}$$

式（3.3.24）表明，谱线增强器可以用陷波器实现，如图 3–3–13 所示。

图 3-3-13　利用陷波器实现谱线增强器

如果陷波器的陷波频率为 f_n，则谱线增强器的输出信号 $y(n)$ 是频率为 f_n 的谐波信号，

即只保留输入信号 $x(n)$ 中频率为 fn 的信号分量，而除去其他所有频率分量，相当于对信号 $x(n)$ 起到一个频率为 f_n 的谱线增强作用。

第四节　数字滤波器的规格、设计步骤与分类

数字滤波器设计的最终目的是构造一数字硬件或程序（软件），以满足所要求的滤波器规格。

一、数字滤波器的规格

在理想数字滤波器的近似实现中，滤波器在通带内的幅频响应或增益允许在 $[1-\delta, 1+\delta]$ 范围内波动，而在阻带内的幅频响应则允许在 $[0, \delta]$ 内变化，其中 δ 称为滤波器的波纹因子，它是一个刻画滤波器增益波动起伏的系数。

通带内的幅频响应波动的最大值与最小值之比 g 定义为通带脉动（passband ripple），用符号 A_p 表示，通常以分贝（dB）作为单位：

$$A_P = 20\log\frac{1+\delta}{1-\delta} \qquad (\text{dB}) \tag{3.4.1}$$

由此可得波纹因子的表达式

$$\delta = \frac{10^{0.05A_P}-1}{10^{0.05A_P}+1} \tag{3.4.2}$$

由于阻带内的幅频响应波动的最小值为零，所以将其最大值直接定义为阻带衰减（*stopband attenuation*），用符号 Ar 表示，也以 dB 为单位：

$$A_r = -20\log\delta \quad (\text{dB}) \tag{3.4.3}$$

由此得波纹因子与阻带衰减的关系

$$\delta = 10^{-0.05A_r} \tag{3.4.4}$$

令 A_p' 和 A_r' 分别是滤波器所希望的通带脉动和阻带衰减，则它们相对应的波纹因子

$$\delta_1 = \frac{10^{0.05A_p'}-1}{10^{0.05A_p'}+1} \tag{3.4.5}$$

和

$$\delta_2 = 10^{-0.05A_p'} \tag{3.4.6}$$

通常是不相同的。为此选择

$$\delta = \min(\delta_1, \delta_2) \tag{3.4.7}$$

作为滤波器通带和阻带共同的波纹因子，以保证实际得到的通带脉动 A_p 和阻带衰减

木能够分别满足 $A_p \leqslant A_p^{'}$ 和 $A_r \geqslant A_r^{'}$。

通带边缘频率 f_{p}、阻带边缘频率 f_{r}、通带脉动 A_{p} 和阻带衰减 A_{r} 四个物理量一起规定了数字滤波器的性能要求，这四个物理量可以写成参数列表形式 $S=\left\{f_p,f_r,A_p,A_r\right\}$，它们合称数字滤波器规格（digital filter specification）。

二、数字滤波器的设计步骤

数字滤波器设计问题的具体提法是：根据滤波器的规格要求 $A=\left\{f_p,f_r,A_p,A_r\right\}$ 和理想频率响应 $H_{\mathrm{ideal}}\left(\mathrm{e}^{\mathrm{j}2\pi fT_s}\right)$，求出数字滤波器的冲激响应及其 z 变换 $H(z)$，以使其频率响应 $H(z)|_{z=\exp(\mathrm{j}2\pi fT_s)}$ 能够逼近所希望的频率响应 $H_{\mathrm{ideal}}\left(\mathrm{e}^{\mathrm{j}2\pi fT_s}\right)$。如果逼近效果满意，则数字滤波器的 z 变换形式 $H(z)$ 可以用硬件或软件实现；否则，需要重新设计滤波器的冲激响应 $h(n)$，直到逼近效果满意为止。因此，数字滤波器的设计过程从提出滤波器规格开始，应该包括以下四个基本步骤：

（1）近似（approximation）；

（2）实现（realization）；

（3）不完善性分析（studyofimperfection）；

（4）定型（implementation）。

为了说明数字滤波器设计的上述四个过程，我们以低通滤波器为例。低通滤波器的理想频率响应为

$$H\left(\mathrm{e}^{\mathrm{j}2\pi f}\right)=\begin{cases}1, & 0\leqslant f\leqslant f_p\\ 0, & f_r\leqslant f\leqslant \dfrac{1}{2T_s}\end{cases} \tag{3.4.8}$$

假定给出了数字低通滤波器的设计规格 $A=\{f_{\mathrm{p}}, f_{\mathrm{r}}, A_{\mathrm{p}}, A_{\mathrm{r}}\}$。数字低通滤波器设计的四个步骤如下（参见图 3-4-1）：

①近似：这一阶段就是根据滤波器规格 $A=\{f_{\mathrm{p}}, f_{\mathrm{r}}, A_{\mathrm{p}}, A_{\mathrm{r}}\}$，求出数字滤波器的冲激响应 $h(n)$ 及其 z 变换 $H(z)$，得到其近似频率响应

$$H\left(\mathrm{e}^{\mathrm{j}2\pi fT_s}\right)=H\left(z\right)|_{z=\exp\left(\mathrm{j}2\pi fT_s\right)}。$$

②实现：根据的形式，使用硬件或软件实现所设计的低通滤波器传递函数。为此，需要将传递函数转换为硬件实现的方框图或软件实现的程序。硬件或软件应该是价廉物美的，具有短的字长和高的动态范围。

③不完善性分析：近似的频率响应与理想滤波器的频率响应之间存在某种差异。这种差异称为滤波器设计的不完善性，包括滤波器系数的量化影响、产品质量影响（不相关的

舍入或截尾噪声）和动态范围局限。如果滤波器的规格只是在高精度系数和很长的字长才能够满足，则滤波器的实现成本将很高。为了降低成本，设计者必须选择另一个传递函数 $H(z)$，并重新返回第 2 步（传递函数的实现）甚至第 1 步（近似）。

④定型：如果滤波器规格能够在要求不很高的条件下得到满足，则可制作滤波器产品原型。然后，对该产品原型进行有关试验，以检验滤波器的实际性能，这一制作和试验的过程合称定型。滤波器的定型应该考虑到滤波器硬件或软件的制作成本。如果经过试验，设计规格仍然未得到满足，则必须重新设计数字滤波器电路或软件程序，或者选择新的近似传递函数。

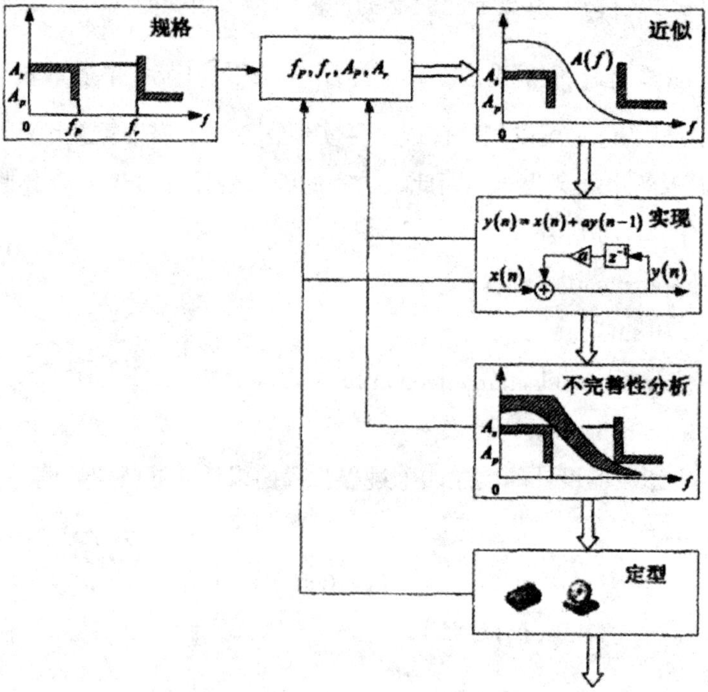

图 3-4-1 经典数字滤波器设计方框图

三、数字滤波器的设计分类

从上一节低通、高通、带通和带阻滤波器的理想冲激响应图形容易看出：这些典型的滤波器都有无穷多个冲激响应。凡具有无限多个冲激响应的滤波器统称无限冲激响应滤波器。如果对无限长的理想冲激响应进行截尾，则可以把 IIR 滤波器变成有限冲激响应（FIR）滤波器。因此，数字滤波器的设计可以分为以下两大类：

（一）IIR 数字滤波器设计

这类方法的核心思想是：先设计一个归一化的模拟低通滤波器，然后通过适当的变换，将它转换成非归一化的数字低通、高通、带通或带阻滤波器，该类方法设计得到的数字滤波器为 IIR 数字滤波器。常用的归一化模拟低通滤波器有 Butterworth 滤波器、Chebyshev

滤波器和椭圆滤波器，这类方法实质上是一种数字滤波器的模数转换设计法。

（二）FIR 数字滤波器设计

这类方法是直接设计数字滤波器，但需要通过对所设计的理想无限冲激响应进行截尾，得到 FIR 数字低通、高通、带通或带阻滤波器。常用的截尾方法是使用一长度为 N 的 Kaiser 窗函数 $w_K(n)$ 对滤波器的理想冲激响应 $h(n)$ 进行截尾，然后用加窗的有限冲激响应 $h_\omega(n)=\omega_k(n)h(n)$ 作为理想的无限冲激响应 $h(n)$ 的逼近，因此，这种滤波器设计法的核心问题就是如何确定 Kaiser 窗函数的阶数 N 等有关参数。这种方法本质上是一种数字滤波器的直接设计法。

第五节　IIR 数字滤波器设计

为了讨论的方便，我们用 $H_N(s)$ 和 $H_t(\bar{s})$ 分别表示归一化和非归一化的低通滤波器传递函数，而使用 $H_D(z)$ 表示数字滤波器的传递函数。

在数字滤波器的模数转换设计过程中，需要使用两种变换：

模拟滤波器变换：通过模拟变量变换 $s=f(\bar{s})$，将归一化低通滤波器的传递函数 $H_N(s)$ 变换成非归一化（低通、高通、带通或带阻）滤波器的传递函数 $H_t(\bar{s})$。

双线性变换：通过双线性变换 $\bar{s}=\dfrac{2}{T_s}\left(\dfrac{z-1}{z+1}\right)$ 由模拟滤波器传递函数 $H_t(\bar{s})$ 直接得到数字滤波器的传递函数 $H_D(z)$。

下面围绕以上两个问题展开讨论：

一、基本步骤

数字滤波器的模数转换设计法的两个步骤可以用变换形式叙述如下：

步骤 1　根据数字滤波器的设计要求与规格，确定相应的归一化模拟低通滤波器的传递函数 $H_N(s)$，然后选择适当的模拟滤波器变换函数 $s=f(\bar{s})$，将归一化低通滤波器的传递函数 $H_N(s)$ 变换成非归一化（低通、高通、带通或带阻等）滤波器的传递函数

$$H_t(\bar{s})=H_N(s)|_{s=f(\bar{s})} \tag{3.5.1}$$

步骤 2　利用双线性变换

$$\bar{s}=\frac{2}{T_s}\left(\frac{z-1}{z+1}\right) \tag{3.5.2}$$

由模拟滤波器的传递函数直接构造数字滤波器的传递函数

$$H_D(z)=H_t(\bar{s})|_{\bar{s}=\frac{2}{T_s}\left(\frac{z-1}{z+1}\right)} \tag{3.5.3}$$

假定Ω_i是模拟滤波器的模拟通带边缘频率和阻带边缘频率，则利用模数转换法设计出的数字滤波器的对应通带和阻带边缘频率Ω_i由下式给出：

$$\Omega_i=\frac{2}{T_s}\tan^{-1}\frac{\omega_i T_s}{2},\qquad i=1,2,\cdots \tag{3.5.4}$$

在数字滤波器的设计中，通常给定的是数字滤波器希望能够达到的期望通带和阻带边缘频率Ω_{di}，其中下标 d 表示数字滤波器的期望参数，i 表示数字滤波器的第 i 个通带或阻带边缘频率，因此，在运用双线性变换之前，必须对模拟滤波器作适当的频率变换

$$\omega_i=\frac{2}{T_s}\tan\frac{\Omega_{di}T_s}{2},\qquad i=1,2,\cdots \tag{3.5.5}$$

这样才能保证模数转换设计的数字滤波器的通带和阻带边缘频率Ω_i与期望的通带和阻带边缘频率Ω_{di}相等，即$\Omega_i=\Omega_{di},i=1,2,\cdots$。于是，由式（3.5.5）得

$$\omega_p=\frac{2}{T_s}\tan\frac{\Omega_{dp}T_s}{2}\quad 和\quad \omega_r=\frac{2}{T_s}\tan\frac{\Omega_{dr}T_s}{2} \tag{3.5.6}$$

它们分别表示低通或高通数字滤波器的带通边缘频率和带阻边缘频率，其中Ω_{dp}和Ω_{dr}分别是数字滤波器期望的带通和带阻边缘频率。

二、数字低通和高通滤波器的设计公式

假定数字低通或高通滤波器的采样间隔 Ta 和设计规格 $A=\{\Omega_{dp}, \Omega_{dr}, A_p, A_r\}$ 已经给定，其中

Ω_{dp}：数字低通或高通滤波器的期望带通边缘频率；

Ω_{dr}：数字低通或高通滤波器的期望带阻边缘频率；

A_p：数字低通或高通滤波器期望的最大带通损失；

A_r：数字低通或高通滤波器期望的最小带阻损失。

利用这些给定的参数，可以预先计算出滤波器的识别因子

$$\mathrm{d}=\sqrt{\frac{10^{0.1\times A_p}-1}{10^{0.1\times A_r}-1}} \tag{3.5.7}$$

和系数

$$K_0 = \frac{\tan\left(\Omega_{dp} T_s / 2\right)}{\tan\left(\Omega_{dr} T_s / 2\right)} \tag{3.5.8}$$

由本章第一节知，不同的归一化模拟滤波器的阶数 n 的确定方法各异。

（一）Butterworth 滤波器

归一化 n 阶 Butterworth 模拟低通滤波器的频率响应为

$$H_N(\omega) = \frac{1}{1+\omega^{2n}} \tag{3.5.9}$$

其中，阶数 n 取满足不等式

$$n \geqslant \left|\frac{\log d}{\log K}\right| \tag{3.5.10}$$

的最小整数。

归一化 n 阶 *Butterworth* 模拟低通滤波器的通带边缘频率为

$$\omega_p = \left(10^{0.1\times A_P} - 1\right)^{1/2n} \tag{3.5.11}$$

阻带边缘频率为

$$\omega_r = \left(10^{0.1\times A_r} - 1\right)^{1/2n} \tag{3.5.11}$$

（二）Chebyshev 滤波器

归一化 Chebyshev 模拟低通滤波器的频率响应

$$H_N(\omega) = \frac{1}{1+\sigma^2 C_n^2(\omega)} \tag{3.5.13}$$

式中 $C_n(w)$ 为 n 阶 Chebyshev 多项式，且 n 取满足不等式

$$n \geqslant \left|\frac{\operatorname{arc}\cosh(1/d)}{\operatorname{arc}\cosh(1/K)}\right| = \left|\frac{\ln\left(d^{-1}+\sqrt{d^{-2}-1}\right)}{\ln\left(K^{-1}+\sqrt{K^{-2}-1}\right)}\right| \tag{3.5.14}$$

的最小整数。

归一化 Chebyshev 模拟低通滤波器的通带边缘频率为

$$\omega_P = 1 \tag{3.5.15}$$

（三）椭圆滤波器

归一化椭圆模拟低通滤波器的频率响应

$$H_N(\omega) = \frac{1}{1+\sigma^2 R_n^2(\omega)} \tag{3.5.16}$$

式中 $R_n(w)$ 为 n 阶有理式函数。

归一化椭圆模拟低通滤波器阶数 n 取满足不等式

$$n \geqslant \left|\frac{\log\left(16/\mathrm{d}^2\right)}{\log\left(1/q\right)}\right| \tag{3.5.17}$$

的最小整数。式中，q 由下式确定：

$$K' = \sqrt{1-K^2} \tag{3.5.16}$$

$$q_0 = \frac{1}{2}\left(\frac{1-\sqrt{K'}}{1+\sqrt{K'}}\right) \tag{3.5.17}$$

$$q = q_0 + 2q_0^5 + 15q_0^9 + 150q_0^{13} \tag{3.5.18}$$

归一化模拟椭圆低通滤波器的通带边缘频率

$$\omega_p = \sqrt{K} \tag{3.5.21}$$

以上讨论表明，滤波器的选择因子 K 的计算是确定滤波器阶数 n 的关键。

例 3.5.1 利用 Butterworth 逼近设计一数字高通滤波器，要求在采样频率 w_s=10rad/s 的情况下，数字高通滤波器满足以下设计规格：A_p=1dB，A_r=20dB，Ω_{dp} =4rad/s，Ω_{dr} =1.5rad/s。

解：由采样频率 $\omega_s = 2\pi/T_s = 10\text{rad/s}$ 知采样间隔 $T_s = 2\pi/10 = 0.2\pi$。由式（3.5.7）和式（3.5.8）得

$$\mathrm{d} = \sqrt{\frac{10^{0.1\times A_P}-1}{10^{0.1\times A_r}-1}} = \sqrt{\frac{10^{0.1\times 1}-1}{10^{0.1\times 20}-1}} = 0.0511$$

$$K_0 = \frac{\tan\left(\Omega_{\mathrm{dp}}T_s/2\right)}{\tan\left(\Omega_{\mathrm{dr}}T_s/2\right)} = \frac{\tan\left(4\times 0.2\pi/2\right)}{\tan\left(1.5\times 0.2\pi/2\right)} = 6.0403$$

$$n \geqslant \left|\frac{\log \mathrm{d}}{\log K}\right| = \left|\frac{\log \mathrm{d}}{\log\left(1/K_0\right)}\right| = \left|\frac{\log\left(0.0511\right)}{\log\left(1/6.0403\right)}\right| = 1.6547 \Rightarrow n = 2$$

归一化 Butterworth 低通滤波器的传递函数为

$$H_N(s) = \frac{1}{s^2 + 1.41421s + 1}$$

另计算得到

$$\omega_p = \left(10^{0.1\times A_p}-1\right)^{1/2n} = \left(10^{10^{0.1}}-1\right)^{1/4} = 0.7133$$

$$\lambda = \frac{2\omega_p \tan\left(\Omega_{\mathrm{dp}}T_s/2\right)}{T_s} = \frac{2\times 0.7133\times\tan\left(4\times 0.2\pi/2\right)}{0.2\pi} = 6.9879$$

模拟 Butterworth 高通滤波器的传递函数为

$$H_t\left(\bar{s}\right)=H_N\left(s\right)|_{s=\lambda/\bar{s}}=\frac{1}{s^2+1.41421s+1}\Bigg|_{s=\lambda/\bar{s}}=\frac{\bar{s}^2}{\bar{s}^2+1.41421\lambda\bar{s}+\lambda^2}$$

最后，运用模拟－数字转换的双线性变换，即可得到数字高通滤波器的传递函数

$$H_D\left(z\right)=H_t\left(\bar{s}\right)|_{\bar{s}=\frac{2}{T_s}\left(\frac{z-1}{z+1}\right)}=\frac{z^2-2z+1}{8.9240z^2+7.6388z+2.7148}$$

图 3-5-1 画出了所设计的数字高通滤波器的幅值响应$\left|H_D\left(\mathrm{e}^{\mathrm{j}\omega}\right)\right|$。

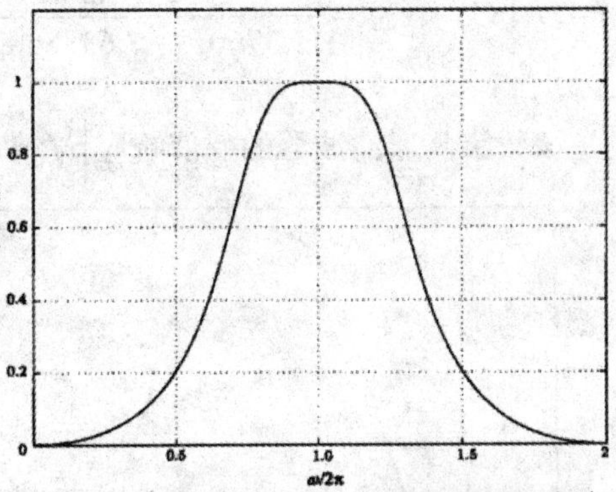

图 3-5-1　例 3.5.1 设计的数字高通滤波器的幅值响应$\left|H_D\left(e^{j\omega}\right)\right|$

例 3. 5. 2 用 Chebyshev 逼近设计一数字高通滤波器，要求采样频率 w_s=10rad/s 时，满足设计规格：A_p=0.5dB，A_r=25dB，Ω_{dp} =4.5rad/s，Ω_{dr} =1.5rad/s。

解：采样间隔$T_s=2\pi/\omega_s=0.2\pi$。由式（3.5.7）、式（3.5.8）得

$$\mathrm{d}=\sqrt{\frac{10^{0.1\times A_p}-1}{10^{0.1\times A_r}-1}}=\sqrt{\frac{10^{0.1\times 0.5}-1}{10^{0.1\times 25}-1}}=0.0197$$

$$K_0=\frac{\tan\left(\Omega_{dp}T_s/2\right)}{\tan\left(\Omega_{dr}T_s/2\right)}=\frac{\tan\left(4.5\times 0.2\pi/2\right)}{\tan\left(1.5\times 0.2\pi/2\right)}=12.3914$$

$$n\geqslant\left|\frac{\operatorname{arc}\cosh\left(1/\mathrm{d}\right)}{\operatorname{arc}\cosh K^{-1}}\right|=\left|\frac{\ln\left(\mathrm{d}^{-1}+\sqrt{\mathrm{d}^{-2}-1}\right)}{\ln\left(K_0+\sqrt{K_0^2-1}\right)}\right|$$

$$=\left|\frac{\ln\left(0.0197^{-1}+\sqrt{0.0197^{-2}-1}\right)}{\ln\left(12.3914+\sqrt{12.3914^2-1}\right)}\right|=1.4400$$

取滤波器阶数 n=2，对应于 =0.5dB 的归一化 2 阶 Chebyshev 低通滤波器的传递函数为

$$H_N\left(s\right)=\frac{1}{s^2+1.42562s+1.51620}$$

对于归一化 Chebyshev 低通滤波器，其通带边缘频率 w_s=1。知

$$\lambda = 2\omega_p \tan\left(\Omega_{dp}T_s / 2\right) / T_s = 2\times1\times\tan\left(4\times0.2\pi/2\right)/\left(0.2\pi\right) = 9.7966$$

因此，模拟 *Chebyshev* 高通滤波器的传递函数

$$H_t\left(\bar{s}\right) = H_D\left(s\right)\big|_{s=\lambda/\bar{s}} = \frac{\bar{s}^{-2}}{1.51620\bar{s}^{-2} + 1.42562\lambda\bar{s} + \lambda^2}$$

利用模拟数字转换的双线性变换，即可得到数字高通滤波器的传递函数

$$H_D\left(z\right) = H_t\left(\bar{s}\right)\big|_{\bar{s}=\frac{2}{T_s}\left(\frac{z-1}{z+1}\right)} = \frac{z^2-2z+1}{15.3760z^2+7.6388z+2.7148}$$

图 3–5–2 画出的曲线是该数字高通滤波器的幅值响应$\left|H_D\left(\mathrm{e}^{\mathrm{j}\omega}\right)\right|$。

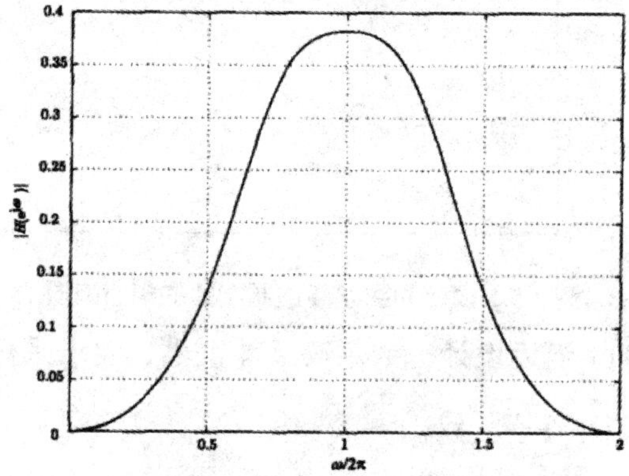

图 3-5-2　例 3.5.2 设计的数字高通滤波器的幅值响应

三、数字带通和带阻滤波器的设计公式

假定带通和带阻数字滤波器的设计规格 $A=\left\{\Omega_{dp1},\Omega_{dp2},\Omega_{dr1},\Omega_{dr2},A_P,A_r\right\}$ 和采样间隔 T_s 已经给定，其中

A_p: 带通或带阻滤波器期望的最大带通损失；

A_r: 带通或带阻滤波器期望的最小带阻损失；

Ω_{dp1}：带通或带阻滤波器期望的带通下边缘频率；

Ω_{dp2}：带通或带阻滤波器期望的带通上边缘频率；

Ω_{dr1}：带通或带阻滤波器期望的带阻下边缘频率；

Ω_{dr2}：带通或带阻滤波器期望的带阻上边缘频率。

利用这些给定的参数，可以预先计算以下中间参数：

$$K_A = \tan\left(\frac{\Omega_{dp2}T_s}{2}\right) - \tan\left(\frac{\Omega_{dp1}T_s}{2}\right) \tag{3.5.22}$$

$$K_B = \tan\left(\frac{\Omega_{dp1}T_s}{2}\right)\tan\left(\frac{\Omega_{dp2}T_s}{2}\right) \tag{3.5.23}$$

$$K_0 = \tan\left(\frac{\Omega_{dr1}T_s}{2}\right)\tan\left(\frac{\Omega_{dr2}T_s}{2}\right) \tag{3.5.24}$$

$$K_1 = \frac{K_A\tan\left(\Omega_{dr1}T_s/2\right)}{K_B-\tan^2\left(\Omega_{dr1}T_s/2\right)} \tag{3.5.25}$$

$$K_2 = \frac{K_A\tan\left(\Omega_{dr2}T_s/2\right)}{\tan^2\left(\Omega_{dr2}T_s/2\right)-K_B} \tag{3.5.26}$$

然后，根据低通和高通滤波器的中间参数和带通和带阻滤波器的中间参数 K_1，K_2，即可计算出不同类型滤波器的带通边缘频率 w_p。

一旦由式（3.5.7）计算出识别因子 d，并利用式（3.5.22）至式（3.5.26）确定选择因子 K，即可求出归一化 Butterworth 低通滤波器的阶次 n，进而得到归一化 Butterwowth 低通滤波器的传递函数 $H_N(s)$。然后，得到非归一化的各种类型滤波器的 Butterworth 逼近 $H_t(\bar{s})$。最后，利用双线性变换 $\bar{s}=\frac{2}{T_s}\left(\frac{z-1}{z+1}\right)$，就可以求出所要求类型的数字滤波器的传递函数 $H(z)$。

例 3.5.3 利用 Chebyshev 逼近，设计一数字带阻滤波器，要求其在采样频率为 w_s=2500rad/s 的情况下，满足以下设计规格：

（1）最大带通损失 A_p =0.5dB，最小带阻损失 A_r =20dB；

（2）带通下边缘频率 Ω_{dp1} =400rad/s 和上边缘频率 Ω_{dp2} =850rad/s；

（3）带阻下边缘频率 Ω_{dr1} =510rad/s 和上边缘频率 Ω_{dr2} =700rad/s。

解：采样间隔 $T_s = 2\pi/\omega_s = 2\pi/2500 = 0.0025s$。由式（3.5.22）~式（3.5.26）得

$$K_A = \tan\left(\frac{\Omega_{dp2}T_s}{2}\right)-\tan\left(\frac{\Omega_{dp1}T_s}{2}\right)=1.2692$$

$$K_B = \tan\left(\frac{\Omega_{dp1}T_s}{2}\right)\tan\left(\frac{\Omega_{dp2}T_s}{2}\right)=1.0000$$

$$K_C = \tan\left(\frac{\Omega_{dr1}T_s}{2}\right)\tan\left(\frac{\Omega_{dr2}T_s}{2}\right)=0.9017$$

$$K_1 = \frac{K_A\tan\left(\Omega_{dr1}T_s/2\right)}{K_B-\tan^2\left(\Omega_{dr1}T_s/2\right)}=2.1342$$

由于 $K_C < K_B$ 以及 *Chebyshev* 滤波器的 $w_p=1$，知

$$K = \frac{1}{K_1} = 0.4686$$

$$\omega_0 = 2\sqrt{K_B} / T_s = 795.7747$$

$$B = \frac{2K_A \omega_P}{T_s} = 1010$$

$$d = \sqrt{\frac{10^{0.1\times A_p} - 1}{10^{0.1\times A_r} - 1}} = \sqrt{\frac{10^{0.1\times 0.5} - 1}{10^{0.1\times 20} - 1}} = 0.0351$$

$$n \geqslant \left| \frac{\operatorname{arc\,cosh}(1/\mathrm{d})}{\operatorname{arc\,cosh}(1/K)} \right| = \left| \frac{\ln\left(d^{-1} + \sqrt{\mathrm{d}^{-2} - 1}\right)}{\ln\left(K^{-1} + \sqrt{K^{-2} - 1}\right)} \right| = 2.9055$$

于是取 $n=3$。

对应于 A_P=0.5dB 的归一化 3 阶 Chebyshev 低通滤波器的传递函数为

$$H_N(s) = \frac{1}{(s+0.62646)\left(s^2 + 0.62646s + 1.14245\right)}$$

非归一化模拟 Chebyshev 带阻滤波器应为 6 阶，其传递函数 $H_t\left(\bar{s}\right) = H_N(s)\big|_{s=B\bar{s}/\left(\bar{s}^2+\omega_0^2\right)}$

为

$$H_t\left(\bar{s}\right) = \frac{\bar{s}^2 + \omega_0^2}{0.62646\bar{s}^2 + B\bar{s} + 0.62646\omega_0^2}$$

$$\times \frac{\bar{s}^4 + 2\omega_0^2 \bar{s}^2 + \omega_0^4}{1.14245\bar{s}^4 + 0.62646B\bar{s}^3 + \left(B^2 + 2.28490\omega_0^2\right)\bar{s}^2 + 0.62646B\omega_0^2 \bar{s} + 1.14245\omega_0^4}$$

最后，利用双线性变换得到数字带阻滤波器的传递函数

$$H_D(z) = H_t\left(\bar{s}\right)\big|_{\bar{s}=\frac{2}{T_s}\left(\frac{z-1}{z+1}\right)} = \frac{\text{分子1}}{\text{分母1}} \times \frac{\text{分子2}}{\text{分母2}}$$

其中（令 $a = T_s^2 \omega_0^2 = 3.9579, b = BT_s = 2.5250$）

分子 1：

$$(a+4)z^2 + 2(a-4)z + (a+4) = 7.9579z^2 - 0.0843z + 7.9579$$

分母 1：

$$0.62646(a+4)z^2 + (1.2529a + 2BT_s - 5.0117)z + (0.62646a - 2BT_s + 2.5058)$$

$$= 4.9853z^2 + 4.9971z - 0.0648$$

分子 2：

$$(a+4)^2 z^4 + 4(a^2-16)z^3 + (6a^2-16a+96)z^2 + 4(a^2-16)z + (a+4)^2$$

$$= 63.3283z^4 - 1.3401z^3 + 126.6634z^2 - 1.3401 + 63.3282$$

分母 2：

$$1.14245\times 16(z^4-4z^3+6z^2-4z+1) + 0.62646\times 8b(z^4-2z^3+2z-1)$$

$$+4(b^2+2.2849a)(z^4-2z^2+1) + 0.62646\times 2ab(z^4+2z^3-2z-1)$$

$$+1.14245\times 16a^2(z^4+4z^3+6z^2+4z+1)\ +1.14245\times 16a^2(z^4+4z^3+6z^2+4z+1)$$

$$= 391.4743z^4 + 10720z^3 + 1704.4z^2 + 1072.5z + 341.1227$$

有必要指出，利用长除法知，所设计的 IIR 数字滤波器的有理式传递函数为 z 的无穷多项式，需要无穷多个延迟单元才能精确实现，很不方便。

第六节　FIR 数字滤波器设计

上一节介绍了 IIR 数字滤波器的设计。与 IIR 数字滤波器相比，FIR 数字滤波器的优点是容易实现。本质上，FIR 数字滤波器就是 IIR 数字滤波器的一种截尾形式。

一、Kaiser 窗函数

FIR 数字滤波器的代表性设计方法的基本思路是：构造一个长度为 N 的离散时间 Kaiser 窗函数 $w_K(n)$，用它对 IIR 滤波器的理想无限冲激响应 $h(n)=h(nT_s)$ 进行加权（即截尾），然后将加权函数 $\omega_K(n)h(n)$ 的 z 变换 $\mathcal{Z}[\omega_K(n)h(n)]$ 取作欲设计的数字滤波器的传递函数 $H_\omega(z)$，即有 $H_\omega(z)=\mathcal{Z}[\omega_K(n)h(n)]$，其中，*Kaiser* 窗函数定义为

$$\omega_K(n)=\begin{cases}\dfrac{I_0(\beta)}{I_0(\alpha)}, & |n|\leqslant\dfrac{N-1}{2}\\ 0, & 其他\end{cases} \tag{3.6.1}$$

式中

$$I_0(x)=1+\sum_{k=1}^{\infty}\left[\frac{1}{k!}\left(\frac{x}{2}\right)^k\right]^2 \tag{3.6.2}$$

是第一类零阶修正 Bessel 函数，其变元

$$\beta=\alpha\sqrt{1-\left(\frac{2n}{N-1}\right)^2} \tag{3.6.3}$$

而 α 是一个独立的参数。

Kaiser 窗函数的频率响应为

$$W_K\left(\mathrm{e}^{\mathrm{j}2\pi fT_s}\right)=\omega_K\left(0\right)+2\sum_{N=1}^{(N-1)/2}\omega_K\left(n\right)\cos\left(2\pi fnT_s\right) \quad (3.6.4)$$

二、FIR 数字滤波器设计步骤与举例

下面是数字滤波器近似频率响应的设计步骤。

滤波器近似传递函数的设计：

（一）根据滤波器的频率响应 $H\left(\mathrm{e}^{\mathrm{j}2\pi fT_s}\right)$，确定其理想冲激响应 $h(n)$。

（二）利用所希望的通带脉动 A_p' 和阻带衰减 A_r' 求滤波器的波纹因子

$$\delta=\min\left(\delta_1,\delta_2\right)，其中\delta_1=\frac{10^{0.05A_p'}-1}{10^{0.05A_p'}+1}，\ \delta_2=10^{-0.05A_r'} \quad (3.6.5)$$

（三）由波纹因子 δ 计算实际的阻带衰减 $A_r=-20\log\delta$。

（四）利用阻带衰减 A_r 计算参数

$$D=\begin{cases}0.9222, & 若A_r\leqslant 21\\ \dfrac{A_r-7.95}{14.36}, & 若A_r>21\end{cases} \quad (3.6.6)$$

（五）由参数 D、数字滤波器的采样频率 f_s 和过渡带宽 B_t，选择满足不等式

$$N\geqslant\frac{Df_s}{B_t}+1 \quad (3.6.7)$$

的最小奇数作为 *Kaiser* 窗函数的阶数（即其离散抽头的个数）。

（六）选择 Kaiser 窗函数中的独立参数

$$\alpha=\begin{cases}0, & 若A_r\leqslant 21\\ 0.5842\left(A_r-21\right)^{0.4}+0.07886\left(A_r-21\right), & 若21<A_r\leqslant 50\\ 0.1102\left(A_r-8.7\right), & 若A_r>50\end{cases} \quad (3.8.8)$$

并由式（3.6.3）计算 Kaiser 窗函数的另一参数 β。

（七）利用式（3.6.1）构造 Kaiser 窗函数 $w_K(n)$。

（八）计算数字滤波器的 z 变换 $H_\omega'\left(z\right)=z^{-(N-1)/2}H_\omega\left(z\right)$，其中 $Hw(z)$ 是 $\omega_K\left(n\right)h\left(n\right)$ 的 z 变换。最后，所设计滤波器的实际频谱响应为 $H_\omega'\left(\mathrm{e}^{\mathrm{j}2\pi fT_s}\right)=H_\omega'\left(z\right)|_{z=\exp(\mathrm{j}2\pi fT_s)}$。

下面举两个例子，说明如何根据设计规格，利用上述设计方法分别进行低通滤波器和带通滤波器的具体设计。

例 3.6.1 设计一低通滤波器，要求其满足以下规格：

（1）在通带 $0 \leqslant f \leqslant 1000$ Hz 内的最大通带脉动 $A_p^{'} = 0.15\text{dB}$；

（2）在阻带 $1500 \leqslant f \leqslant 2500$ Hz 内的最小阻带衰减 $A_r^{'} = 37\text{dB}$。

解： 根据数字滤波器近似传递函数的设计步骤，可得到以下结果。

（1）由式（3.3.4）知，低通滤波器的理想冲激响应为

$$h(n) = \frac{\sin(2\pi f_c n T_s)}{n\pi T_s}$$

其中 $f_c = \frac{1}{2}(1000+1500) = 1250\text{Hz}$；另由 f_{max}=2500Hz 知，采样间隔

$$T_s = \frac{1}{f_s} = \frac{1}{2f_{\max}} = \frac{1}{2\times 2500} = 2\times 10^{-4}s$$

（2）通带波纹因子 $\delta_1 = \frac{10^{0.05\times 0.15}-1}{10^{0.05\times 0.15}+1} = 0.0086$；阻带波纹因子 $\delta_2 = 10^{-0.05\times 37} = 0.0141$。由此得低通滤波器波纹因子 $\delta = \min(\delta_1, \delta_2) = 0.0086$。

（3）低通滤波器的阻带衰减 $A_r = -20\log\delta = 41.31\text{dB}$，满足 $A_r \geqslant A_r^{'}$ 之要求。

（4）由于 $A_r > 21\text{dB}$，故由式（3.6.6）可得参数 $D = \frac{A_r - 7.95}{14.36} = 2.3231$。

（5）由过渡带宽 $B_t = f_r - f_p = 1500 - 1000 = 500Hz$，计算式（3.6.7）得

$$N \geqslant \frac{5000\times 2.3231}{500} + 1 = 23.23$$

取 N=25。

（6）由式（3.6.8）计算 Kaiser 窗函数的独立参数 $\alpha = 0.5842(41.31-21)^{0.4} + 0.07886(41.31-21) = 3.5499$。由此得另一参数

$$\beta = \alpha\sqrt{1-\left(\frac{2n}{N-1}\right)^2} = 3.5499\sqrt{1-0.0069n^2}$$

（7）低通滤波器的实际传递函数的 z 变换形式为

$$H_\omega^{'}(z) = z^{-(N-1)/2}\sum_{n=0}^{(N-1)/2}\frac{a_n^{'}}{2}\left(z^n + z^{-n}\right)$$

其中 $a_0^{'} = \omega_K(0)/h(0)$ 和 $a_n^{'} = 2\omega_K(n)h(n)$。得到 $H_\omega^{'}(z)$ 后，令 $z = \mathrm{e}^{\mathrm{j}2\pi f T_s}$，即可得出幅频响应 $\left|H_\omega^{'}\left(\mathrm{e}^{\mathrm{j}2\pi f T_s}\right)\right|$ 的波形，将该波形与低通滤波器的理想幅频响应（图 3–3–1）进行

比较，便可以知道所设计的低通滤波器是否满足设计要求。

例 3.6.2 设计一带通滤波器，要求其满足以下规格：

（1）在阻带$0 \leqslant f \leqslant 1000\text{Hz}$内的最小阻带衰减$A_r' = 40\text{dB}$；

（2）在通带$1500 \leqslant f \leqslant 2500\text{Hz}$内的最大通带脉动$A_p' = 0.2\text{dB}$；

（3）在阻带$3000 \leqslant f \leqslant 4000\text{Hz}$内的最小阻带衰减$A_r' = 40\text{dB}$。

解：根据数字滤波器近似传递函数的设计步骤，可得到以下结果。

（1）由式（3.3.15）知，带通滤波器的理想冲激响应为

$$h(n) = \frac{2}{n\pi T_s}\sin\left[\pi\left(f_{c2} - f_{c1}\right)nT_s\right]\cos\left[\pi\left(f_{c2} + f_{c1}\right)nT_s\right]$$

其中

$$B_t = \min\left[(1500-1000),(3000-2500)\right] = 500\text{Hz}$$

$$f_{c1} = 1500 - 250 = 1250\text{Hz}$$

$$f_{c2} = 2500 + 250 = 2750\text{Hz}$$

另由题意知f_{max}=4000Hz，故采样时间间隔

$$T_s = \frac{1}{f_s} = \frac{1}{2f_{\max}} = \frac{1}{2\times 4000} = 1.25\times 10^{-4}s$$

（2）通带波纹因子$\delta_1 = \dfrac{10^{0.05\times 0.2} - 1}{10^{0.05\times 0.2} + 1} = 0.0115$；阻带波纹因子$\delta_2 = 10^{-0.05\times 40} = 0.01$。由此得带通滤波器波纹因子$\delta = \min(\delta_1, \delta_2) = 0.01$。

（3）低通滤波器的阻带衰减$A_r = -20\log\delta = 40\text{dB}$，满足$A_r \geqslant A_r'$之要求。

（4）参数$D = (A_r - 7.95)/14.36 = 2.2319$。

（5）由$N \geqslant \dfrac{2.2319\times 8000}{500} + 1 = 36.7104$, 取$N = 37$。

（6）由式（3.6.8）计算 Kaiser 窗函数的独立参数$\alpha = 0.5842(40-21)^{0.4} + 0.07886(40-21) = 3.3953$。由此得另一参数

$$\beta = \alpha\sqrt{1 - \left(\frac{2n}{N-1}\right)^2} = 3.3853\sqrt{1 - 0.0031n^2}$$

（7）带通滤波器的实际传递函数的z变换形式为

$$H'_{\omega}(z)=z^{-(N-1)/2}\sum_{n=0}^{(N-1)/2}\frac{a'_n}{2}\left(z^n+z^{-n}\right)$$

其中$a'_0=\omega_K(0)/h(0)$和$a'_n=2\omega_K(n)h(n)$。得到$H'_{\omega}(z)$后，令$z=\mathrm{e}^{\mathrm{j}2\pi fT_s}$，即可画出幅频响应$\left|H'_{\omega}\left(\mathrm{e}^{\mathrm{j}2\pi fT_s}\right)\right|$的波形。将该波形与带通滤波器的理想幅频响应进行比较，便可以知道所设计的带通滤波器是否满足设计要求。

第七节 传递函数的品质因子

滤波器的设计通常要求实现简单，并且其性能容易被分析。为此，需要寻找容易搭建高阶滤波器的基本单元或积木块。这样一来，只需要将这些积木块级联起来，即可实现高阶滤波器的功能。

一、零极点配对

任何一个高阶滤波器都可以采用一阶和二阶滤波器的级联形式实现。在滤波器的实际设计中，往往要求一个偶数阶的高阶实系数传递函数能够分解为具有复共轭零点和复共轭极点的多个二阶传递函数之乘积：

$$H_{\text{even}}(z)=\prod_i H_i(z)=\prod_{i=1}\alpha_i\frac{z^2+\mathrm{d}_iz+c_i}{z^2+b_iz+a_i} \tag{3.7.1}$$

而奇数阶的传递函数则分解为一个具有实极点的一阶传递函数与具有复共轭零、极点的多个二阶传递函数的乘积：

$$H_{\text{odd}}(z)=H_0(z)\prod_i H_i(z)=\frac{e_0z+\mathrm{d}_0}{z+b_0}\prod_{i=1}\frac{z^2+\mathrm{d}_iz+c_i}{z^2+b_iz+a_i} \tag{3.7.2}$$

一阶和二阶传递函数通常是分开实现的，因此，具有复共轭零点和复共轭极点对的二阶传递函数组成了实系数滤波器设计的基本单元或积木块。

问题是：一个高阶滤波器的传递函数$H(z)$有多个复共轭的零点和极点，如何将这些零、极点适当配对，以组成作为积木块的二阶传递函数呢？显然，这需要有零极点配对的准则。

在进行零极点配对时，最重要的考量是配对后的高阶滤波器的以下性质：

最大动态范围：一个滤波器的动态范围是由它表示的最大信号幅值与最小信号幅值之比决定的。滤波器在整个频率范围内的最大幅值响应与通带内的最小幅值响应之比称为该滤波器的动态范围。滤波器的动态范围应该尽可能大。

最小灵敏度：滤波器的工作应该是稳定的，即它的灵敏度应该尽可能低，这可以通过合适的零极点配对来实现。

二、Q 因子

当一个高阶滤波器的传递函数经过适当的零极点配对后，便得到了作为积木块的二阶传递函数的各个单元。下面分析二阶传递函数的复共轭对的性质：

令 z_i 和 z_i* 组成一个复数共轭对：

$$z_i = \mathrm{Re}(z_i) + \mathrm{j}\,\mathrm{Im}(z_i)$$

$$z_i^* = \mathrm{Re}(z_i) - \mathrm{j}\,\mathrm{Im}(z_i)$$

于是，一个实系数的二阶传递函数 $H_i(z)$ 可以写作

$$H_i(z) = \frac{z^2 + d_i z + c_i}{z^2 + b_i z + a_i} = \frac{(z - z_{z,i})(z - z_{z,i}^*)}{(z - z_{p,i})(z - z_{p,i}^*)} \qquad (3.7.3)$$

式中$(z_{p,i}, z_{p,i}^*)$和$(z_{z,i}, z_{z,i}^*)$分别是二阶传递函数 $H_i(z)$ 的复共轭极点对和复共轭零点对，即有

$$(z - z_{zi})(z - z_{zi}^*) = z^2 + \mathrm{d}_i z + c_i,\ \mathrm{d}_i = -2\,\mathrm{Re}(z_{zi}),\ c_i = |z_{zi}|^2 \qquad (3.7.4)$$

$$(z - z_{pi})(z - z_{pi}^*) = z^2 + b_i z + a_i,\ b_i = -2\,\mathrm{Re}(z_{pi}),\ a_i = |z_{pi}|^2 \qquad (3.7.5)$$

根据第一章讨论可知，滤波器应该是有界输入—有界输出（BIBO）稳定的和因果的（物理可实现），所以传递函数的复共轭极点必须位于单位圆内。

描述某个传递函数的复共轭对(z_i, z_i^*)特性的量称为该传递函数的品质因子（quantity factor），简称 Q 因子，因此，一个传递函数的品质因子有极点品质因子和零点品质因子之分，而滤波器的品质主要决定于极点品质因子。

由于二阶传递函数是数字滤波器设计的基本单元，下面只讨论二阶传递函数

$$H(z) = \frac{z^2 + cz + \mathrm{d}}{z^2 + bz + a} \qquad (3.7.7)$$

的极点 $z^2+bz+a=0$ 的品质因子 Q_p。

二阶传递函数 $H(z)$ 极点的品质因子 Qp 定义为

$$Q_P = \frac{\sqrt{(1+a)^2 - b^2}}{2(1-a)} \qquad (3.7.8)$$

极点的 Q 因子具有以下性质。

性质一 极点的 Q 因子总是正的，因为 $0 < a < 1$。

性质二 当$b = \pm 2\sqrt{a}$时，极点 Q 因子取最小值：

$$Q_{\min} = Q_P\big|_{b=\pm 2\sqrt{a}} = \frac{1}{2} \qquad (3.7.9)$$

性质三　若复共轭极点位于虚轴，即 $b=0$，则 Q 因子为

$$Q_P\big|_{b=0}=\frac{1+a}{2(1-a)} \tag{3.7.10}$$

若同时 a t 1，则

$$Q_P\big|_{b=0,a\approx1}\approx\frac{1}{1-a} \tag{3.7.11}$$

式（3.7.11）表明，复共轭极点越靠近单位圆，则极点 Q 因子 Q_{p} 越高，因此，Q 因子可以作为衡量复共轭极点靠近单位圆的测度。

系数 b 可以利用 a 和 Q 因子表示为

$$b=\pm\sqrt{(1+a)^2-4(1-a)^2Q_P^2} \tag{3.7.12}$$

同样，系数 a 也可以利用和 Q 因子表示为

$$a=\frac{1+4Q_P^2-\sqrt{b^2+\left(16-4b^2\right)Q_P^2}}{-1+4Q_P^2},\qquad Q_P>\frac{1}{2} \tag{3.7.13}$$

图 3–7–1 画出了当 Q_{p}=5 时，二阶传递函数的系数 a 随 b 变化的曲线图。

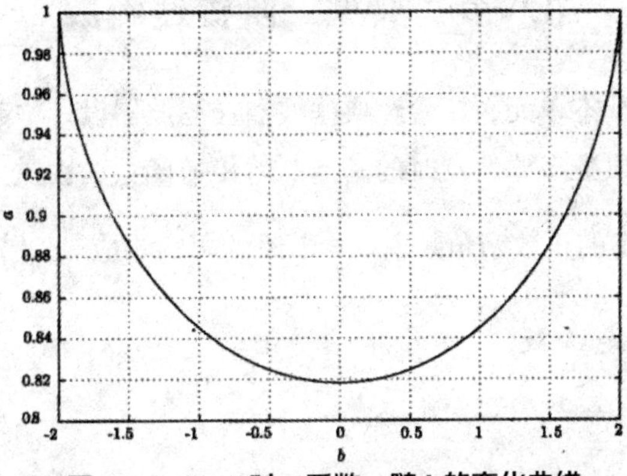

图 3-7-1　Q_{p}=5 时，系数 a 随 b 的变化曲线

由于 Q 因子能够比系数 a 更好地反映传递函数的特性，故称为传递函数品质因子的是 Q_{p}，而不是系数 a。

三、3dB 频率与归一化幅频响应

在滤波器设计中，往往使用二阶滤波器作为单元，并通过若干单元的级联，组成所需要的数字滤波器。

二阶滤波器单元的特性常使用 3dB 频率进行描述。令 f_R 为某个参考频率。例如，对于低通滤波器，参考频率通常取作零频率，即 f_R=0。

3dB 频率记作 $f_{3\mathrm{dB}}=\theta_{3\mathrm{dB}}/(2\pi)$，定义为幅频响应 $A(f)=\left|H\left(\mathrm{e}^{\mathrm{j}2\pi f}\right)\right|$ 是参考频率 f_R

处的幅频响应 $A\left(f_R\right)=\left|H\left(\mathrm{e}^{\mathrm{j}2\pi f_R}\right)\right|$ 的 $1/\sqrt{2}\approx0.707$ 倍时的频率，即有

$$\frac{A\left(f_{3\mathrm{dB}}\right)}{A\left(f_R\right)}=\frac{\left|H\left(\mathrm{e}^{\mathrm{j}2\pi f_{3\mathrm{dB}}}\right)\right|}{\left|H\left(\mathrm{e}^{\mathrm{j}2\pi f_R}\right)\right|}=\frac{1}{\sqrt{2}} \tag{3.7.14}$$

虽然 3dB 频率的幅频响应可以刻画滤波器的特性，但是在数字滤波器设计中，更多使用归一化幅频响应

$$\overline{A}(f)=\frac{A(f)}{M_e}=\frac{A(f)}{\max\limits_f A(f)} \tag{3.7.15}$$

式中 $M_e=\max\limits_f A(f)$ 是幅频响应的最大值。显然，在幅频响应取最大值的频率 f_e 处，归一化幅频响应具有最大值 1，即有 $\overline{A}\left(f_e\right)=1$。

为了方便观察滤波器的性能，经常需要分别画出幅频响应 $A(f)$ 和归一化幅频响应 $\overline{A}(f)$ 的图形。

第八节　典型二阶传递函数

作为数字滤波器的基本单元，二阶经典滤波器在滤波器设计中起着重要的作用。本节将分别讨论用作不同经典数字滤波器时的基本二阶传递函数的性质，为此，需要重点考查二阶传递函数 $H(z)$ 对实的正数字角频率 $\theta=2\pi f$ 的幅频响应 $A\left(f\right)=\left|H\left(\mathrm{e}^{\mathrm{j}2\pi f}\right)\right|$。

一、二阶低通传递函数

理想低通滤波器传递函数的幅频响应为

$$A_{\mathrm{LP,ideal}}\left(f\right)=\left|H_{\mathrm{LP}}\left(\mathrm{e}^{\mathrm{j}2\pi f}\right)\right|=\begin{cases}1, & 0\leqslant f\leqslant f_{\mathrm{LP}}\\0, & f_{\mathrm{LP}}<f\leqslant0.5\end{cases} \tag{3.8.1}$$

式中 f_{LP} 为低通边缘频率。

现在考虑使用二阶低通传递函数近似实现理想低通滤波器。

二阶低通滤波器的传递函数简称二阶低通传递函数，定义为

$$H_{\mathrm{LP}}\left(z\right)=\frac{1+a+b}{4}\frac{\left(z+1\right)^2}{z^2+bz+a}=\frac{1+a+b}{4}\frac{\left(1+z^{-1}\right)^2}{1+bz^{-1}+az^{-2}} \tag{3.8.2}$$

因此，二阶低通传递函数的幅频响应由

$$A_{\mathrm{LP}}(f)=\left|H_{\mathrm{LP}}(z)\right|_{z=\exp(\mathrm{j}2\pi f)}=\frac{1+a+b}{4}\left|\frac{\left(1+z^{-1}\right)^{2}}{1+bz^{-1}+az^{-2}}\right|_{z=\exp(\mathrm{j}2\pi f)} \tag{3.8.3}$$

给出。

二阶低通传递函数的性质如下：

（一）极点的 Q 因子为

$$Q_P=\frac{\sqrt{(1+a)^2-b^2}}{2(1-a)} \tag{3.8.4}$$

（二）频率响应为纯虚数即 $\mathrm{Re}\left[H_{\mathrm{LP}}\left(\mathrm{e}^{\mathrm{j}2\pi f_j}\right)\right]=0$ 时的频率

$$f_j=\frac{1}{2\pi}\arccos\frac{-b}{1+a} \tag{3.8.5}$$

在此频率，二阶低通传递函数的幅频响应等于极点 Q 因子 QP，即

$$A_{\mathrm{LP}}\left(f_{\mathrm{j}}\right)=\left|H_{\mathrm{LP}}\left(\mathrm{e}^{\mathrm{j}2\pi f_j}\right)\right|=\left|\mathrm{j}Q_P\right|=Q_P \tag{3.8.6}$$

这一事实表明，在低频率范围 $0\leqslant f\leqslant f_j$，幅频响应 $A(f)$ 为递增函数，并在 $f=f_j$ 处，$A(f)$ 达最大值 Q_{p}。反之，在高频率范围 $f_j\leqslant f\leqslant 0.5$，幅频响应次 $A(f)$ 为递减函数。也就是说，高频信号分量将被衰减。

（三）幅频响应 $A(f)$ 取最大值 $M_{\mathrm{LP}}=A(f)\big|_{f=f_e}=\max\limits_{f}A(f)$ 的频率为

$$f_e=\frac{1}{2\pi}\arccos\frac{(1-a)^2-b(1+a-b)}{4a-b-ab} \tag{3.8.7}$$

（四）二阶低通幅频响应的最大值 M_{LP} 可以用系数 a 和 b 表示为

$$M_{\mathrm{LP}}=\max_{0\leqslant f\leqslant 0.5}A_{\mathrm{LP}}(f)=\left|H_{\mathrm{LP}}\left(\mathrm{e}^{\mathrm{j}2\pi f_e}\right)\right|=\frac{(1+a)^2-b^2}{2(1-a)\sqrt{4a-b^2}} \tag{3.8.8}$$

或用极点 Q 因子表示为

$$M_{LP}=\max_{0\leqslant f\leqslant 0.5}A_{\mathrm{LP}}(f)=\left|H_{\mathrm{LP}}\left(\mathrm{e}^{\mathrm{j}2\pi f_e}\right)\right|=\frac{Q_P}{\sqrt{1-1/\left(4Q_P^2\right)}} \tag{3.8.9}$$

显然，若 $Q_P\geqslant 1$（即 $a\approx 1$，则二阶低通幅频响应的最大值 M_{LP} 近似等于 Q_p，这一事实在使用固定点算法实现低通滤波器时起着重要的作用。假定滤波器输出 $y(n)$ 的幅值必须小于 1，即 $|y(n)|\leqslant 1$。于是，在低通二阶滤波器的输入端，频率为 f_e 的信号分量的幅值就必须小于 $1/Q_p$，以使得经过滤波之后，滤波器输出 $y(n)$ 的幅值能够保持在所希望的范围

$|y(n)|\leqslant 1$以内。

图 3–8–1 画出了当 Q_p=3，a=0.826，b=–1.5 时，根据式（3.8.3）计算的二阶低通传递函数的幅频响应 $A_{LP}(f)$。从该图可以看出：幅频响应的最大值约等于 Q_P，即有 $M_{LP}\approx Q_P=3$。不同 Q_P 情况下的幅频响应如图 3–8–2 所示。

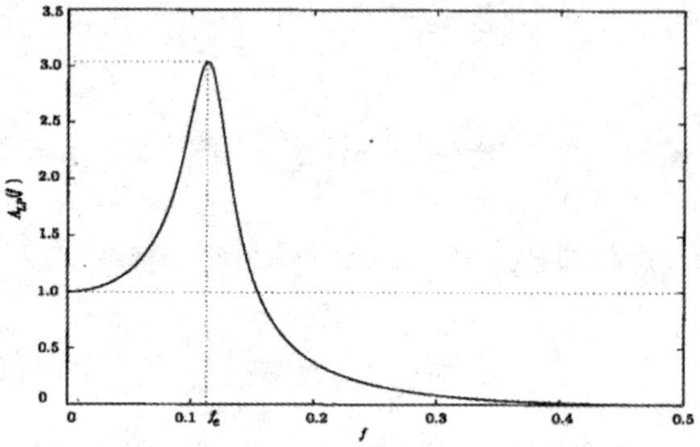

图 3-8-1　二阶低通传递函数的幅频响应：$Q_P=3, a=0.826, b=-1.5$

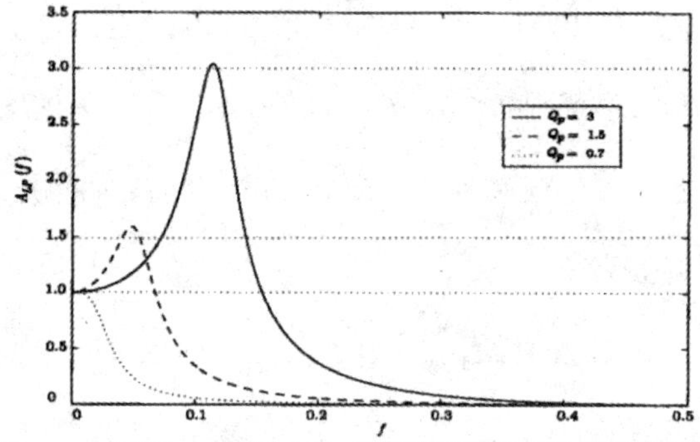

图 3-8-2　不同 Q_p 情况下的二阶低通传递函数的幅频响应

二阶低通传递函数的幅频响应的最大值 M_{LP} 随滤波器系数 a 和 b 的变化曲面如图 3–8–3 所示。不难看出：当系数 a 趋于 1 时，最大幅值 M_{LP} 明显增大，而系数 b 对 M_{LP} 的影响则可以忽略不计。

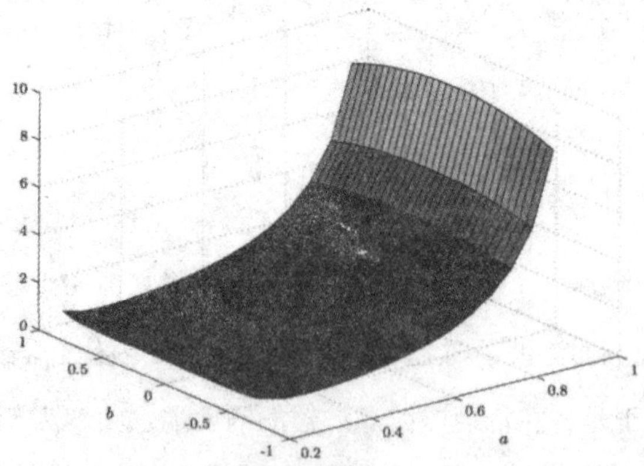

图 3-8-3　二阶低通传递函数的最大幅值 M_{LP} 随系数 a 和 b 的变化曲线图

（五）低通传递函数在边界频率 f=0 和 f=0.5 的幅值

$$A_{\mathrm{LP}}(0)=H_{\mathrm{LP}}(1)=1, \qquad z=1, \qquad f=0 \tag{3.8.10}$$

$$A_{\mathrm{LP}}(0.5)=H_{\mathrm{LP}}(-1)=0, \quad z=-1, \quad f=0.5 \tag{3.8.11}$$

这两个边界频率的传递函数幅值连同最大幅值 $A_{\mathrm{LP}}(f_e)=M_{\mathrm{LP}}$ 一起刻画了二阶传递函数 $H_{\mathrm{LP}}(z)$ 的低通特性。

（六）归一化二阶低通传递函数可以用 a 和 b 表示为

$$\overline{H}_{\mathrm{LP}}(z)=\frac{H_{\mathrm{LP}}(z)}{M_{\mathrm{LP}}}=\frac{(1-a)^2(4a-b^2)}{(1+a-b)^2(1+a+b)}\frac{(z^{-1}+1)^2}{1+bz^{-1}+az^{-2}} \tag{3.8.12}$$

其幅频响应

$$\overline{A}_{\mathrm{LP}}(f)=\left|\overline{H}_{\mathrm{LP}}(\mathrm{e}^{\mathrm{j}2\pi f})\right|=\frac{(1-a)^2(4a-b^2)}{(1+a+b)^2(1+a+b)}\left|\frac{(z^{-1}+1)^2}{1+bz^{-1}+az^{-2}}\right|_{z=\exp(\mathrm{j}2\pi f)} \tag{3.8.13}$$

图 3-8-4 和图 3-8-5 分别画出了理想低通传递函数的幅值响应和几种 Q_p 情况下二阶归一化低通传递函数的幅频响应 $\overline{A}_{\mathrm{LP}}(f)$。注意，$Q_P=1/\sqrt{2}\approx 0.7$ 是二阶滤波器一个关键的极点 Q 因子。

图 3-8-4 理想低通传递函数的幅频响应

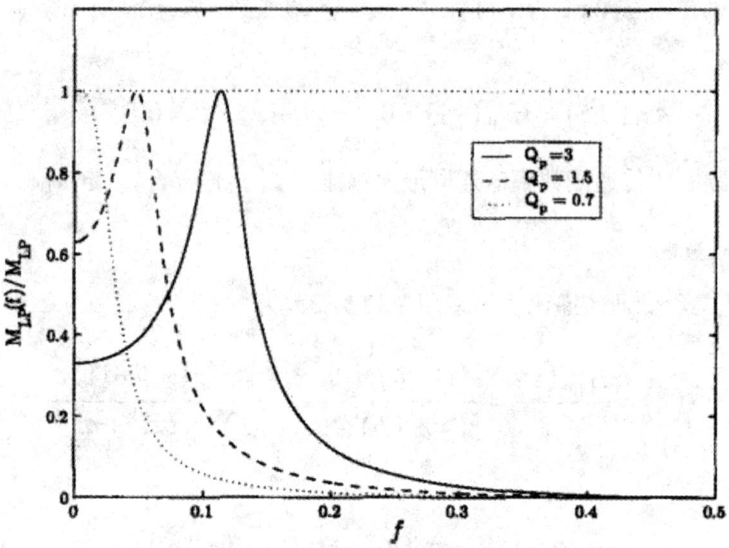

图 3.8.5 二阶归一化低通传递函数的幅频响应

二、二阶高通传递函数

考虑高通滤波器，并令 f_{HP} 表示高通边缘频率。

理想高通滤波器传递函数的幅频响应为

$$A_{\mathrm{HP,ideal}}(f)=\left|H_{\mathrm{HP}}\left(\mathrm{e}^{\mathrm{j}2\pi f}\right)\right|=\begin{cases}0, & 0\leqslant f<f_{\mathrm{HP}}\\ 1, & f_{\mathrm{HP}}\leqslant f\leqslant 0.5\end{cases} \tag{3.8.14}$$

考虑使用二阶高通传递函数近似实现理想高通滤波器。

二阶高通传递函数定义为

$$H_{\mathrm{HP}}(z)=\frac{1+a-b}{4}\frac{(z-1)^2}{z^2+bz+a}=\frac{1+a-b}{4}\frac{\left(z^{-1}-1\right)^2}{1+bz^{-1}+az^{-2}} \tag{3.8.15}$$

因此，二阶高通传递函数的幅频响应为

$$A_{\mathrm{HP}}(f)=\left|H_{\mathrm{HP}}(z)\right|_{z=\exp(\mathrm{j}2\pi f)}=\frac{1+a-b}{4}\left|\frac{\left(z^{-1}-1\right)^2}{1+bz^{-1}+az^{-2}}\right|_{z=\exp(\mathrm{j}2\pi f)} \tag{3.8.16}$$

图 3-8-6 示出了当 Q_p=3，a=0.9，b=-1.8028 时，二阶高通传递函数的幅频响应。二阶高通传递函数具有以下几个重要性质：

（一）频率响应为纯虚数即 $\mathrm{Re}\left[H_{\mathrm{LP}}\left(\mathrm{e}^{\mathrm{j}2\pi f_j}\right)\right]=0$ 时的频率

$$f_j=\frac{1}{2\pi}\arccos\frac{-b}{1+a} \tag{3.8.17}$$

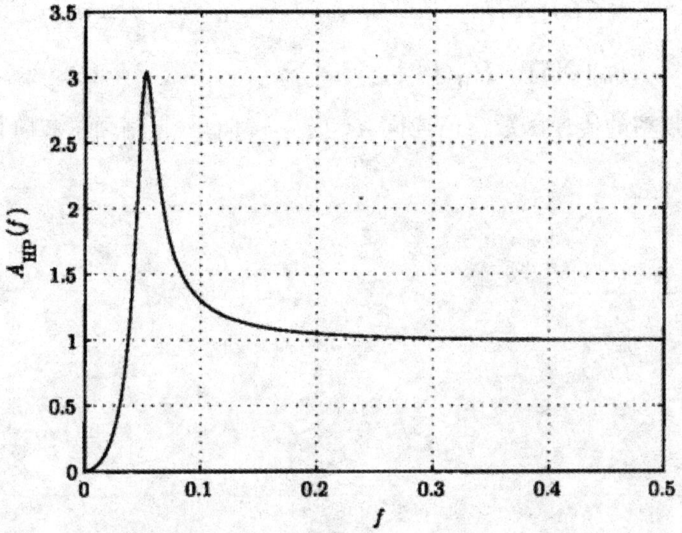

图 3.8.6　二阶高通传递函数的幅频响应：Q_p=3，a=0.9，b=-1.8028

在低于 f_j 的频率范围 $f < f_j < f_e$，幅频响应 $A(f) = \left|H_{\mathrm{HP}}\left(\mathrm{e}^{\mathrm{j}2\pi f}\right)\right|$ 随 f 趋于零而衰减。因此，低频的信号分量被阻隔，而频率 $f \geqslant f_p$ 的高频信号分量则无衰减地通过。

（二）幅频响应 $A(f)$ 取极大值 $M_e = A(f)|_{f=f_e}$ 的频率

$$f_e = \frac{1}{2\pi}\arccos\left[-\frac{(1-a)^2 - b(1+a+b)}{4a+b+ab}\right] \tag{3.8.18}$$

（三）极点 Q 因子由式（3.8.4）给出。

对于 $Q_P \leqslant 1/\sqrt{2}$，则可求出 f_e=0.5。

（四）二阶高通幅频响应的最大值 M_{HP} 可以用系数 a 和 b 表示为

$$M_{\mathrm{HP}} = \max_{0\leqslant f\leqslant 0.5} A_{\mathrm{HP}}(f) = \left|H_{\mathrm{HP}}\left(\mathrm{e}^{\mathrm{j}2\pi f_e}\right)\right| = \frac{(1+a)^2 - b^2}{2(1-a)\sqrt{4a-b^2}} \tag{3.8.19}$$

或用极点 Q 因子表示为

$$M_{\mathrm{HP}} = \max_{0\leqslant f\leqslant 0.5} A_{\mathrm{HP}}(f) = \left|H_{\mathrm{HP}}\left(\mathrm{e}^{\mathrm{j}2\pi f_e}\right)\right| = \frac{Q_P}{\sqrt{1-\frac{1}{4Q_P^2}}} \tag{3.8.20}$$

这表明，若 $Q_P \geqslant 1$（即 $a \approx 1$），则幅频响应的最大值 M_{HP} 近似等于 Q_p。

由于作为系数 a 和 b 的函数，M_{HP} 和 M_{LP} 具有相同的表达式，故图 3-8-2 也适用于二阶高通传递函数。

（五）高通传递函数在边界频率 f=0 和 f=0.5 的幅值

$$A_{\mathrm{HP}}(0)=H_{\mathrm{HP}}(1)=0,\qquad z=1,\qquad f=0 \tag{3.8.21}$$

$$A_{\mathrm{HP}}(0.5)=H_{\mathrm{HP}}(-1)=1,\qquad z=-1,\qquad f=0.5 \tag{3.8.22}$$

这两个边界频率的传递函数幅值连同 $A_{HP}(f_e)=M_{HP}$ 一起刻画了二阶传递函数 $H_{HP}(z)$ 的高通特性。

第四章 信号检测

➢ 引子

信号检测就是通过观测数据判断信号是否存在。在雷达和声呐中，空中目标、陆地目标或水下目标的检测；在通信中，发射字符的检测等，都是信号检测最典型的应用例子。

信号检测本质上是一种统计假设检验。所谓统计假设，就是关于我们感兴趣的一个总体的某个未知特征的主张。检验一个统计假设的根本任务就是：决定关于某个未知特征的主张是否为随机试验的观测样本所支持。通常，这一主张涉及的是采样的随机分布的某个未知参数或者某个未知函数。样本数据是否在统计意义上支持该主张的决定是根据概率做出的。简而言之，如果面对观测数据提供的证据，某个主张正确的机会大，我们就接受它；否则，便拒绝它。

因此，通过将信号检测视为统计假设检验问题，我们就可以采用一种通用的数学框架讨论和分析不同情况下的信号检测。本章正是从这一视角出发，对信号检测的有关理论、方法与应用展开讨论。

第一节 统计假设检验

信号检测本质上是一种统计假设检验，而统计假设检验是统计推断的基本问题之一。所谓“统计推断”，系指对随机变量的统计特性（如概率分布等）的有关假设做出推断。这些假设可能产生于对随机现象的实际观察或者理论分析。本质上，假设是关于我们感兴趣的一个主体的某个未知特征的主张，常用拉丁字母 H 表示统计假设。下面是几个简单的例子：

例 4.1.1 关于目标信号的存在，可以提出下列的假设：

$$\begin{cases} H_0\text{: 目标信号不存在} \\ H_1\text{: 目标信号存在} \end{cases}$$

例 4.1.2 关于运动员兴奋剂的检查，一般会有以下两种主张：

$$\begin{cases} H_0\text{: 结果为阴性} \\ H_1\text{: 结果为阳性} \end{cases}$$

例 4.1.3 关于某随机变量 ξ 的概率分布，可能有以下主张或者假设：

$$\begin{cases} H_0: \xi\text{服从正态分布} \\ H_1: \xi\text{服从指数分布} \\ H_2: \xi\text{服从}x^2\text{分布} \end{cases}$$

在上面的例子中，目标信号、兴奋剂和概率分布就是我们感兴趣的总体，而存在、阴性和正态分布分别是这些总体的未知特征。

只有两个统计假设 H_0 和 H_1 的问题称为二元统计假设检验问题，如例 4.1.1 和例 4.1.2。通常，这两个统计假设不可能同时真实：要么 H_0 真实而 H_1 不真实；要么 H_1 真实而 H_0 不真实。这样两个非此即彼的假设称为二者必居其一假设或互斥假设。一般说来，我们感兴趣的随机事件是偶发的，因此关于随机事件不发生的假设为基本假设。例如，在雷达预警中，目标飞机的出现是偶发事件；在兴奋剂检查中，阳性只是极少数的；在概率分布中，高斯（或正态）分布为常见的分布等。习惯使用 H_0 表示随机事件不发生的基本假设，H_1 表示随机事件偶然发生的假设。基本假设 H_0 称为零假设或原（始）假设，与之对立的假设 H_1 称为备择假设。

具有两个以上统计假设的问题称为多元统计假设检验问题，如例 4.1.3。在本节中，我们不准备讨论多元统计假设检验问题。

一、基本概念

由于零假设 H_0 为基本假设，所以拒绝说假设的问题便成为信号检测的重点。关于零假设 H_0 的拒绝，存在两种可能的决策：拒绝 H_0 或未能拒绝 H_0。根据实际状况，每一种决策又有两种可能的结果：

$$\text{拒绝}H_0\begin{cases}\text{当}H_0\text{真实时，}\\ \text{当}H_0\text{不真实时；}\end{cases}\text{未能拒绝}H_0\begin{cases}\text{当}H_0\text{真实时，}\\ \text{当}H_0\text{不真实时。}\end{cases}$$

需要注意的是，未能拒绝 H_0 假设并不等同于接受 H_0。假设。例如，在雷达组网预警中，最简单的数据融合方法是：根据多部雷达决策的投票结果，才能最终决定是否拒绝 H_0 假设。少数雷达未能拒绝 H_0 假设，并不代表雷达组网就应该接受无目标飞机存在的判断。又如，在例 4.1.2 中，未能拒绝关于某个运动员的 H_0 假设只代表“疑似阴性”的判断，应该建议再做进一步检查，以确认是否可以完全排除阳性的可能。

必须强调的是，关于一个统计假设的决策本质上是基于观测数据的统计量的一个推断过程。然而，由于观测误差的存在以及观测数据长度的限制，所以不可避免地会存在统计量的估计误差，这就导致我们难免会出现统计推断上的错误。也就是说，拒绝 H_0 假设的决策并不意味着 H_0。假设就一定不真实，有时它实际上是真实的，只是我们的推断偶然犯了错误。类似地，未能拒绝 H_0 的决策也不意味着就一定是真实的，因为有可能也是我们的推断偶然出错。

如果决策的结果为拒绝 H_0 假设，则我们要么拒绝了本来真实的情况（错误决策），要么拒绝了原本虚假的情况（正确决策）。类似地，如果我们未能拒绝 H_0 假设，则决策的结果要么未能拒绝原本真实的情况（正确决策），要么未能拒绝原来虚假的情况（错误决策），因此，无论决策是拒绝还是未能拒绝假设，都有可能做出违背真实的推断。这样的错误统称推断错误。

拒绝实际为真的 H_0 假设所犯的推断错误称为第一类错误（type Ⅰ error 或 error of first kind），而未能拒绝实际不真实的 H_0 假设所犯的推断错误则称作第二类错误（type Ⅱ error 或 error of second kind）。需要注意的是：只有当假设 H_0 实际为真实时，才可能犯第一类错误；也只有在假设 H_0 不真实的情况下才会出现第二类错误。由于 H_0 假设不可能同时既是真实的，又是虚假的，所以任何一个错误的决策都不可能同时犯两类错误，只能是其中之一。

为了定量刻画推断错误，需要使用某个量化参数来度量两类推断错误的概率。统计概率就是这样一种合适的测度。

定义 4.1.1 在假设 H_0 为真的情况下拒绝的概率称为第一类错误概率，常用符号 α 表示。

定义 4.1.2 在假设 H_0 不真实的情况下未能拒绝 H_0 的概率称为第二类错误概率，常记作 β。

显然，两类错误概率都界于 0 和 1 之间，即有 $0\leqslant\alpha\leqslant1$ 和 $0\leqslant\beta\leqslant1$。

根据上述定义，第一类和第二类错误概率又可以分别表述为：

$$P(\text{拒绝}H_0\,|\,H_0\text{真实时})=\alpha \tag{4.1.1}$$

$$P(\text{未能拒绝}H_0\,|\,H_0\text{不真实时})=\beta \tag{4.1.2}$$

由上述表示式可以看出，两类错误概率都是条件概率。由于真实的状况是未知的，所以我们不可能确切已知或者求得第一类和第二类错误的真实概率，而只能分别得到第一类错误概率 α 和第二类错误概率 β 的估计值。

第一类错误概率 α 也称作统计显著性水平（levelofstatisticalsignificance）。对这一术语的含义进行解读，“统计显著性水平”只是表明样本证据充足，使得有足够（即显著）的理由拒绝 H_0 假设，而其错误概率最大不会超过 α 水平。

统计假设检验的基本问题是对假设 H_0 是否为真做出具体判断，为此，我们需要设计一种规则，它能够根据实验数据对是否拒绝 H_0 假设作出判断。这样一种规则称为统计假设检验。

定义 4.1.3 涉及一个总体的某个统计特征的统计假设检验是一种决策规则。一旦获得一组随机实验的样本，即可根据这一规则决定是否拒绝 H_0 假设。

决策规则只是统计假设检验的一种目标函数。最终的决策需要落实到观测数据的某个统计量与其阈值之间的比较。换言之；决策是根据某个合适的统计量做出的。这一统计量称为检验统计量（test statistic）。

采用什么样的统计量作为检验统计量，完全取决于假设检验问题的模型和所采用的决策规则。最简单和最常用的检验统计量为 N 个观测数据 y_1，…，y_N 的样本平均 $\bar{y}=\frac{1}{N}\sum_{n=1}^{N}y_n$。

考虑一种关于某个参数 θ 的简单零假设：

$$H_0:\ \theta=\theta_0$$

其中 θ_0 是某个强调的参数值。

如果备择假设取形式：

$H_0: \theta > \theta_0$ 或者 $H_0: \theta < \theta_0$

则称 H_1 为单边备择假设（one-sided alternative hypothesis），因为在 H_1 假设下的 θ 值只是位于所强调的参数值 θ_0 的某一侧。

与单边备择假设不同，如果备择假设取作：

$$H_0:\ \theta\neq\theta_0$$

则称 H_1 为双边备择假设（two-sided alternative hypothesis），因为 H_1 假设下 θ 可能在 θ_0 两侧取值。

当 H_1 是更加复杂的复合备择假设时，拒绝 H_0 假设的 θ 通常在一个区域内取值。由于 H_0 为基本假设，所以拒绝 H_0 是统计假设检验的根本任务。

定义 4.1.4 若拒绝 H_0 假设是根据某个检验统计量 $g > \mathrm{Th}$ 做出的，其中 Th 是某个阈值，则数值区域（Th，∞）称为该检验统计量的临界区。

显然，当参数 θ 在临界区内取不同值时，第二类错误概率 β 的大小也将不同。函数 $\beta(\theta)$ 称为抽检特性函数（operating characteristic function），而 $\beta(\theta)$ 随 θ 变化的曲线称为抽检特性曲线（operating characteristic curve）。

由于 $\beta(\theta)$ 是在讯假设真实的情况下做出拒绝 H_0 假设（即错误决策）时检验统计量不落在临界区的概率，因此 $1-\beta(\theta)$ 表示 H_0 不真实情况下拒绝 H_0 假设（即正确决策）时检验统计量将位于临界区的概率。

定义 4.1.5 函数 $P(\theta)=1-\beta(\theta)$ 称为统计假设检验的功效函数（power function），它表示当不真实时拒绝假设（即正确决策）的概率。

注意，在二元假设检验问题中，H_0 假设不真实意味着 H_1 假设必然真实，并且拒绝 H_0 假设或者接受 H_0 假设是二元假设检验的主要任务，因此，$1-\beta(\theta)$ 代表正确拒绝 H_0 假设

或者正确接受 H_1 假设这一基本功能的效果（功效），故称之为假设检验的功效函数。

在二者之和等于1的意义上，功效函数 $1-\beta(\theta)$ 和抽检特性函数 $\beta(\theta)$ 是一对互补函数。

二、决策理论空间

考虑两个信号 S_1 和 S_0 的检测问题。这类检测问题属于二元假设检验。在不同的应用场合，两个信号具有的含义可能迥异。例如，在雷达和声呐目标检测等应用中，S_1 和 S_0 分别代表目标信号存在和不存在。然而，在数字无线通信信号的检测等问题中，$S_1=g(t)$ 和 $S_0=-g(t)$ 往往表示两个不同极性的发射信号。

所有信号组成的集合称为信号或参数空间（signal or parameter space），用符号 S 表示。在二元假设检验中，信号空间由两个参数 S_0 和 S_1 组成：

$$S=(S_0,\ S_1)$$

信号经过信道传输，与加性观测噪声混合，变成观测数据

$$\begin{cases} H_0: y_n = S_0 + \omega_n \\ H_1: y_n = S_1 + \omega_n \end{cases} \qquad n=1,2,\ldots \tag{4.1.3}$$

其中 H_0 为零假设，H_1 为备择假设。

通常假定加性观测噪声是独立的和平稳的。在一般的应用中，常假定加性噪声 $\{\omega_n\}$ 为高斯白噪声，其均值 $E\{\omega_n\}=\mu_0$、方差为 σ^2。

由于加性随机噪声 w_n 的存在，观测数据 y_n 也为随机变量，所以使用单个随机变化的观测数据 y_n，是不可能对信号检测做出正确判断的。因此，信号检测问题的正确提法是：根据 N 个观测数据 y_1，…，y_N，对不同信号是否存在作出判断。这一判断称为检测问题的决策。

为方便计，我们采用：

$$(y_1,\ \cdots,\ y_N) \tag{4.1.4}$$

作为观测数（据）组 y_1，…，y_N 的符号。注意，这里的 y 并不是向量的表示形式。

所有可能的观测值组成一个集合，称为观测样本空间（space of observed samples），用集合符号 Ω 表示。由于观测数组是在观测样本空间 Ω 内取值的，因此称观测数组 y 隶属于观测样本空间，记作 $y \in \Omega$。

观测数组 y 仍然是一组随机变量。随机变量不适合直接用作检测问题的决策量，为此，需要把观测数组变成某个确定的统计量。用作检测问题决策的统计量称为决策统计量，这里用符号：

$$g=g(y) \tag{4.1.5}$$

表示之。最简单的决策统计量为 N 个观测数据的平均值 $\bar{y}$。

$$g = g(y) = \bar{y}\frac{1}{N}\sum_{i=1}^{N} y_i \tag{4.1.6}$$

一般的教科书中，也将决策统计量称为决策函数。本书中，我们将决策规则中使用的目标函数称为决策函数，使用符号 $L(y)=L(y_1, \cdots, y_N)$ 表示，它通常不能根据观测数据直接估计。常用的决策函数有条件概率密度函数之比 $f(y|H_1)/f(y|H_0)$，习惯称之为似然比函数。与决策函数不同，决策统计量是可以根据观测数据直接估计的统计量，本书用符号 $g=(y)=g(y_1, \cdots, y_N)$ 表示之。为了书写和表达的简洁，有时将 $g(y)$ 简记为 g。

令 Th 代表做出决策时所使用的某个阈值，当决策统计量大于此阈值时，我们就拒绝 H_0 假设即接受迅假设检验为真，从而判断信号 S_1 存在；否则，就认为 H_0 假设检验为真，判断信号 S_0 存在。这一决策规则可以书写为：

$$\begin{cases} H_0\text{：若}g(y)<Th\text{，则判断信号}S_0 \\ H_1\text{：若}g(y)>Th\text{，则判断信号}S_1 \end{cases} \tag{4.1.7}$$

决策统计量所有可能取值的集合称为决策空间（decision space），用符号 D 表示。以阈值 Th 为界，决策空间 $D=(-\infty, \infty)$ 分为两个子空间：$D=D_0+D_1$，其中：

$$D=(-, \infty)$$

$$D1=(Th, \infty)$$

最后，决策的结果组成结果空间或行为空间（action space）。二元假设检验的结果空间由两个元素 A_0 和 A_1 组成：

$$A=(A_0, A_1)$$

其中 A_0 和 A_1 分别表示 H_0 和 H_1 假设检验下的决策结果。决策有硬决策和软决策之分：如果决策给出的是关于信号有无或者信号属性（如极性）的判断，则称为硬决策。与之不同，如果判断结果只是某个信号存在或者其属性的可能性大小（即概率），这便是软决策。在常见的二元假设检验中，通常采用硬决策。

当信号空间 $S=(S_1, S_2, \cdots, S_M)$（其中 $M>2$）的元素多于两个时，称有关的检测问题为多元假设检验或 M 元检测。本书只讨论二元假设检验的硬决策。

综合以上讨论，整个决策理论空间由以下四个子空间组成：

S= 信号或参数空间

Ω = 观测样本空间

D= 决策空间

A= 行为或结果空间

图 4-1-1 以二元检测问题为例，画出了决策理论空间的组成。

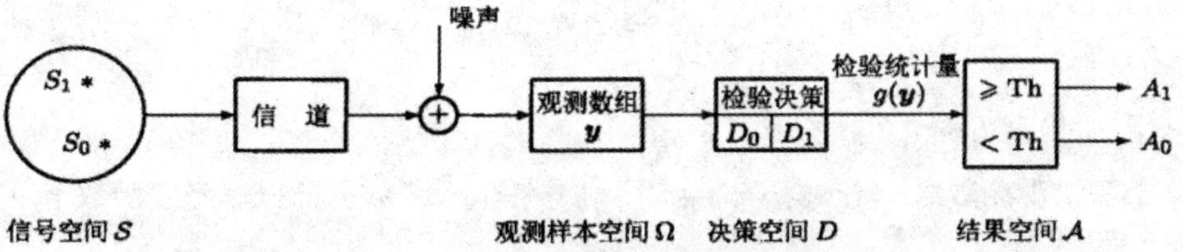

图 4-1-1 二元检测问题的决策理论空间

第二节 概率密度函数与误差函数

在信号检测的理论分析和处理之中，经常会遇到概率密度函数和误差函数的有关运算。因此，在讨论信号检测的内容之前，有必要先复习和介绍与信号检测密切相关的概率密度函数和误差函数的有关知识。

一、概率密度函数

令 x 是一个绝对连续的随机变量，则

$$F(x)=\int_{-\infty}^{x}f(u)\mathrm{d}u \qquad (4.2.1)$$

称为随机变量 x 的概率分布函数（probability distribution function），而 $f(x)$ 叫作随机变量 x 的概率密度函数（probability density function）。

概率密度函数具有以下性质：

$$f(x)\geqslant 0 \qquad \text{（非负性）} \qquad (4.2.2)$$

$$\int_{-\infty}^{\infty}f(x)\mathrm{d}x=1 \qquad \text{（归一性）} \qquad (4.2.3)$$

在信号有无这一类检测问题：

$$\begin{cases}H_0: y_n=\omega_n \\ H_1: y_n=s+\omega_n\end{cases} \qquad n=1,\ldots,N \qquad (4.2.4)$$

式中，加性噪声通常假定为一个零均值、方差为 σ^2 的高斯白噪声，因此，观测数据 y_n 在 H_0 假设和 H_1 假设下都服从高斯分布，它们的均值分别为 0 和 s、而方差相同，均为 σ^2 即它们的条件概率密度函数分别为：

$$f(y_n|H_0)=\frac{1}{\sqrt{2\pi\sigma}}\mathrm{e}^{-y_n^2/2\sigma^2} \qquad (4.2.5)$$

$$f(y_n|H_1)=\frac{1}{\sqrt{2\pi\sigma}}\mathrm{e}^{-(y_n-s)^2/2\sigma^2} \qquad (4.2.6)$$

或简记为:

$$f(y_n|H_i = \frac{1}{\sqrt{2\pi\sigma}} e^{-(y_n-u_i)^2/2\sigma^2}, \quad i=0,1 \tag{4.2.7}$$

其中 $\mu_0=0$ 和 $\mu_1=s$。

对于一个观测数组 $y=(y_1, \cdots, y_N)$ 而言，各个观测数据的概率密度函数 $f(y_n|H_i)$ 常称为边缘条件概率密度函数。

在二元假设检验中，通常是利用 N 个观测数据进行决策的。由于这些数据是独立观测的，所以观测数组 $y=(y_1, \cdots, y_N)$ 的联合条件概率密度函数（joint probability density function）$f(y_n|H_i)$ 等于各个观测数据的边缘条件概率密度函数的乘积:

$$\begin{aligned} f(y|H_i = f(y_1,\dots, y_N|H_i) &= \prod_{n=1}^{N} f(y_n|H_i) \\ &= \prod_{n=1}^{N} \frac{1}{\sqrt{2\pi\sigma}} e^{-(y_n-u_i)^2/2\sigma^2} \\ &= \frac{1}{(2\pi\sigma^2)^{N/2}} \exp\left[\sum_{n=1}^{N} \frac{(y_n-u_i)^2}{2\sigma^2}\right], \quad i=0,1 \end{aligned} \tag{4.2.8}$$

作为一个随机事件，观测数据 y_n 往往是在另一个随机发生的事件丑的影响下发生的。例如，观测数据 y_n 是在 H_1 和 H_0 两种检验假设下产生的，通常为随机变量。又如，观测数据 y_n 也可能是某个系统被随机的输入信号激励时产生的。此时，观测数据 y_n 可以认为是在系统的随机参数 $H=\theta$ 的影响下产生的。

由于观测数据是在随机事件 H（例如随机信号 S_1、S_0 和随机参数 θ）发生后才产生和被观测的，所以离散和连续随机事件 H 的发生概率 $P(H)$ 和 $f(H)$ 分别称为随机事件 H 的先验概率密度（a priori probability density）和先验概率密度函数。

当随机事件 H 和观测数组 $y=(y_1, \cdots, y_N)$ 都为连续随机变量时，存在两种条件概率密度函数 $f(y_1,\dots, y_N|H)$ 和 $f(H|y_1,\dots, y_N)$，它们的含义不同。

考虑 m 元假设检验 H_i，$i=1, \cdots m$。随机事件 H_i 发生条件下观测数组 $y_i, \cdots, y_{jv}$ 的条件概率密度函数 $f(y_1,\dots, y_N|H)$ 称为观测数组 y 的似然函数，因为它表示某随机事件发生后所观测到的随机样本 y 属于随机事件 H_i 的样本数据的似真度（概率论术语叫作似然）。正因为这一缘由，所以两个似然函数之比 $f(y_1,\dots, y_N|H_1)|f(y_1,\dots, y_N|H_0)$ 被称为似然比函数。

当有关随机事件 H_i 的先验信息与样本信息相综合时，其结果便是有关 H_i 的信息的更新。换言之，先验分布与似然函数的综合给出随机事件 H_i 的条件分布。这种条件分布称为后验分布。后验分布与先验分布、似然函数之间的关系由著名的 Bayes 定理刻画。

Bayes 定理令 $p(H_i)$ 或 $f(H_i)$ 分别为随机事件 H_i 的先验概率或先验概率密度函数，而 $f(y_1,\ldots,y_N|H_i)$ 为似然函数，则样本证据 y_1，…，y_N 给定情况下随机事件 H_i 的后验概率函数 $p(H_i|y_1,\ldots,y_N)$ 或后验概率密度函数 $f(H_i|y_1,\ldots,y_N)$ 分别为：

$$p(H_i|y_1,\ldots,y_N)=\frac{f(y_1,\ldots,y_N|H_i)p(H_i)}{\sum_{j=1}^{m}f(y_1,\ldots,y_N|H_j)p(H_j)} \tag{4.2.9}$$

$$f(H_i|y_1,\ldots,y_N)=\frac{f(y_1,\ldots,y_N|H_i)f(H_i)}{\int_{H_i}f(y_1,\ldots,y_N|H_i)f(H_i)\mathrm{d}H_i} \tag{4.2.10}$$

后验概率函数 $p(H_i|y_1,\ldots,y_N)$ 或后验概率密度函数 $f(H_i|y_1,\ldots,y_N)$ 反映决策者在获得样本信息 y_1，…，y_N 后对随机事件 H_i 是否发生的自信程度。

观测数组与随机事件 H 之间的联合概率密度函数 $f(H_i|y_1,\ldots,y_N;H)$ 定义为

$$f(|y_1,\ldots,y_N;H)=f(y_1,\ldots,y_N|H)f(H)=f(H|y_1,\ldots,y_N)f(y_1,\ldots,y_N) \tag{4.2.11}$$

由此可以得到后验概率密度函数 $f(H|y)=f(H|y_1,\ldots,y_N)$ 与先验概率密度函数 $f(H)$、联合概率密度函数 $f(y)=f(y_1,\ldots,y_N)$ 和似然函数 $f(y_1,\ldots,y_N|H)$ 之间的关系如下：

$$f(H|y_1,\ldots,y_N)=\frac{f(H|y_1,\ldots,y_N|H)f(H)}{f(y_1,\ldots,y_N)} \tag{4.2.12}$$

概率密度函数在积分区间（−　，　）的积分恒等于 1，即有

$$\int_{-\infty}^{\infty}f(H)=1\text{（先验概率密度函数）} \tag{4.2.13}$$

$$\int_{-\infty}^{\infty}f(H|y_1,\ldots,y_N)\mathrm{d}H=1\text{（后验概率密度函数）} \tag{4.2.14}$$

$$\int_{-\infty}^{\infty}\cdots\int_{-\infty}^{\infty}f(y_1,\cdots,y_N)\mathrm{d}y_1\cdots\mathrm{d}y_N=1\text{（联合概率密度函数）} \tag{4.2.15}$$

$$\int_{-\infty}^{\infty}\cdots\int_{-\infty}^{\infty}f(y_1,\cdots,y_N|H)\mathrm{d}y_1\cdots\mathrm{d}y_N=1\text{（似然函数）} \tag{4.2.16}$$

函数 $g(y_1,\cdots,y_N)$ 的均值或期望值定义为该函数与联合概率密度函数 $f(y_1,\cdots,y_N)$ 乘积的 N 重积分：

$$E\{g(y_1,\cdots,y_N)\}\overset{def}{=}\int_{-\infty}^{\infty}\cdots\int_{-\infty}^{\infty}g(y_1,\cdots,y_N)f(y_1,\cdots,y_N)\mathrm{d}y_1\cdots\mathrm{d}y_N \tag{4.2.17}$$

特别地，当 $H=\theta$ 为某个随机参数时，后验概率密度函数的积分

$$E\{\theta|y_1,\cdots,y_N\}\overset{def}{=}\int_{-\infty}^{\infty}\theta f(\theta|y_1,\cdots,y_N)\mathrm{d}\theta \tag{4.2.18}$$

如果使用符号 $E_{y_1,\cdots,y_N}$ 和 E_θ 分别表示相对于随机数组 $(y_1,\cdots,y_N)$ 和随机参数 θ 的数学期望，则有

$$E\{\theta\}=E_{y_1,\cdots,y_N}\{E_\theta(\theta|y_1,\cdots,y_N)\} \tag{4.2.19}$$

这一结果称为条件期望定理。由于：

$$E_{y_1,\cdots,y_N}\{g(y_1,\cdots,y_N)\}=\int_{-\infty}^{\infty}g(y_1,\cdots,y_N)f(y_1,\cdots,y_N)\mathrm{d}y_1\cdots\mathrm{d}y_N \tag{4.2.20}$$

将式（4.2.18）和式（4.2.20）代入式（4.2.19），得随机参数 θ 的数学期望：

$$\begin{aligned}E\{\theta\}&=E_{y_1,\cdots,y_N}\{E_\theta(\theta|y_1,\cdots,y_N)\}=E\left\{\int_{-\infty}^{\infty}\theta f(\theta|y_1,\cdots,y_N)\mathrm{d}\theta\right\}\\&=\int_{-\infty}^{\infty}\cdots\int_{-\infty}^{\infty}\left[\int_{-\infty}^{\infty}\cdots\int_{-\infty}^{\infty}\theta f(\theta|y_1,\cdots,y_N)\mathrm{d}\theta\right]f(y_1,\cdots,y_N)\mathrm{d}y_1\cdots\mathrm{d}y_N\\&=\int_{-\infty}^{\infty}\cdots\int_{-\infty}^{\infty}\int_{-\infty}^{\infty}\theta f(\theta|y_1,\cdots,y_N)f(y_1,\cdots,y_N)\mathrm{d}\theta\mathrm{d}y_1\cdots\mathrm{d}y_N\end{aligned} \tag{4.2.21}$$

它是一个 $N+1$ 重积分。

二、误差函数和补余误差函数

在信号检测中，常常需要计算检测概率和错误概率，而这些概率的计算又与高斯随机变量的误差函数和补余误差函数密切相关。

令 x 是一个高斯随机变量，其概率密度函数为：

$$f(x)=\frac{1}{\sqrt{2\pi}\sigma}\mathrm{e}^{-(u-m_x)^2/2\sigma_x^2} \tag{4.2.22}$$

式中 m_x 和 σ_x^2 分别是高斯随机变量 x 的均值和方差。高斯随机变量 x 的累积分布函数（cumulative distribution function，CDF）定义为：

$$F(x)=\int_{-\infty}^{\infty}f(u)\mathrm{d}u$$
$$=\frac{1}{\sqrt{2\pi}}\int_{x}^{\infty}\mathrm{e}^{-(u-m_x)^2/2\sigma_x^2}\mathrm{d}u \tag{4.2.23}$$
$$=\frac{1}{2}\frac{2}{\sqrt{\pi}}\int_{(x-m_x)/\sqrt{2}\sigma_x}^{\infty}\mathrm{e}^{-t^2dt}$$

定义误差函数（error function）

$$\mathrm{erf}(z)=\frac{2}{\sqrt{\pi}}\int_{0}^{z}\mathrm{e}^{-t^2}\mathrm{d}t \tag{4.2.24}$$

和补余误差函数（complement aryerror function）

$$\mathrm{erf}(z)=\frac{2}{\sqrt{\pi}}\int_{0}^{z}\mathrm{e}^{-t^2}\mathrm{d}t=1-\mathrm{erf}(z) \tag{4.2.25}$$

则式（4.2.23）所示高斯随机变量的累积分布函数便可以用补余误差函数和误差函数改写作：

$$F(x)=\frac{1}{2}\mathrm{erfc}\left(\frac{x-m_x}{\sqrt{2}\sigma_x}\right)=\frac{1}{2}\left[1-\mathrm{erf}\left(\frac{x-m_x}{\sqrt{2}\sigma_x}\right)\right] \tag{4.2.27}$$

误差函数也叫概率积分。

误差函数具有对称性：

$$\mathrm{erf}(-z)=-\mathrm{erf}(z)\qquad 和 \qquad \mathrm{erf}(z^*)=\left[\mathrm{erf}(z)\right]^* \tag{4.2.27}$$

特别地，当 $z\rightarrow$　时，有：

$$\lim_{z\to\infty}\mathrm{erf}(z)=1\,和\lim_{z\to-\infty}\mathrm{erf}(z)=-1\quad\left(|\arg(z)|<\frac{\pi}{4}\right) \tag{4.2.28}$$

因此，有：

$$\lim_{z\to\infty}\mathrm{erfc}(z)=1\,和\lim_{z\to-\infty}\mathrm{erfc}(z)=2\quad\left(|\arg(z)|<\frac{\pi}{4}\right) \tag{4.2.29}$$

这个重要结果后面将用到。

高斯概率密度函数尾部下方的面积常用符号 $Q(x)$ 表示，定义为：

$$Q(x)=\frac{1}{\sqrt{2\pi}}\int_{x}^{\infty}\mathrm{e}^{-t^2}\mathrm{d}t,\quad x\geqslant 0 \tag{4.2.30}$$

并称为 Q 函数。

比较式（4.2.24）和式（4.2.30），立即得到 Q 函数和补余误差函数之间的关系：

$$Q(x)=\frac{1}{2}\operatorname{erfc}\left(\frac{x}{\sqrt{2}}\right)=1-\frac{1}{2}\operatorname{erf}\left(\frac{x}{\sqrt{2}}\right) \tag{4.2.31}$$

例 4. 2. 1 求补余误差函数的反函数 $\operatorname{erfc}^{-1}(0.02)$。

解：令 $x=\operatorname{erfc}^{-1}(0.02)$，则补余误差函数 $\operatorname{erfc}(x)=0.02$。于是，误差函数：

$$\operatorname{erf}(x)=1-\operatorname{erfc}(x)=1-0.02=0.98$$

查表得 $x=1.64$，因此，补余误差函数的反函数 $\operatorname{erfc}^{-1}(0.02)=1.64$。

例 4. 2. 2 求补余误差函数的反函数 $\operatorname{erfc}^{-1}(1.8)$。

解：令 $x=\operatorname{erfc}^{-1}(1.8)$，则补余误差函数 $\operatorname{erfc}(x)=1.8$，由此得误差函数：

$$\operatorname{erf}(x)=1-\operatorname{erfc}(x)=1-1.8=-0.8$$

利用误差函数的对称性 $\operatorname{erf}(-x)=-\operatorname{erf}(x)$ 立即知与 $\operatorname{erf}(x)=-0.8$ 对应的 $x=-0.91$，因此，补余误差函数的反函数 $\operatorname{erfc}^{-1}(1.8)=-0.91$。

例 4. 2. 3 求 Q 函数 $Q(0.1)$ 和 $Q(0.3)$。

解：令 $x=0.1$，则 $x/\sqrt{2}=0.0707$。查表知：

$$\operatorname{erf}\left(\frac{x}{\sqrt{2}}\right)=\operatorname{erf}\left(\frac{0.1}{\sqrt{2}}\right)=\operatorname{erf}(0.0707)\approx 0.07885$$

$$\operatorname{erf}\left(\frac{x}{\sqrt{2}}\right)=\operatorname{erf}\left(\frac{0.3}{\sqrt{2}}\right)=\operatorname{erf}(0.2121)\approx 0.2336$$

故：

$$Q(0.1)=Q(x)=1-\frac{1}{2}\operatorname{erf}\left(\frac{x}{\sqrt{2}}\right)=1-\frac{1}{2}\times 0.07885=0.9606$$

$$Q(0.3)=Q(x)=1-\frac{1}{2}\operatorname{erf}\left(\frac{x}{\sqrt{2}}\right)=1-\frac{1}{2}\times 0.2336=0.8832$$

后面将会看到，在检测概率与虚警概率的表示中，误差函数和补余误差函数起着重要的作用。

第三节　检测概率与错误概率

本章第一节讨论了决策理论空间的组成，本章第二节又介绍了与信号检测有关的概率论知识。本节对结果空间和信号空间之间的关系做进一步讨论。

在二元假设检验中，如果判决结果 $A_1=S_1$ 或者 $A_0=S_0$，即结果空间 $A=(A_0, A_1)$ 与信号空间 $S=(S_0, S_1)$ 一致，则称信号被正确检测。然而，由于观测噪声 / 误差和数据的有限长等因素的影响，决策统计量的估计难免存在误差，这会使结果空间与信号空间有时不一致，造成错误的检测。下面对正确检测和错误检测的有关理论展开定量分析。

一、检测概率与错误概率的定义

S_1 或者 S_0 信号被正确判断，都属于二元假设检验的正确决策。正确决策发生的概率被称为（信号的）检测概率（probability of detection），分为以下两种类型：

（一）S_1 信号检测概率

S_1 信号被正确判断其存在的概率称为 S_1 信号的检测概率，定义为 H_1 假设下决策统计量 $g=g(y)$ 大于阈值 Th 的条件概率 $P(g>Th|H_1)$，或等价为 H_1 假设下决策统计量 g 位于决策子空间 $D_1=(Th,\infty)$ 的条件概率 $P(g\in D_1|H_1)$，即：

$$P_{D_1}=P(g>\mathrm{Th}|H_1)=P(g\in D_1|H_1)=\int_{\mathrm{Th}}^{\infty}f(g|H_1)\mathrm{d}g \tag{4.3.1}$$

（二）S_0 信号检测概率

S_0 信号被正确判断存在的概率称为 S_0 信号的检测概率，定义为 H_0 假设下决策统计量 $g=g(y)$ 小于阈值 Th 的条件概率 $P(g<\mathrm{Th}|H_0)$，或等价为 H_0 假设下决策统计量 g 位于决策子空间 $D_0=(-\infty,\mathrm{Th})$ 的条件概率 $P(g\in D_0|H_0)$，即：

$$P_{D_0}=P(g<\mathrm{Th}|H_0)=P(g\in D_0|H_0)=\int_{-\infty}^{\mathrm{Th}}f(g|H_0)\mathrm{d}g \tag{4.3.2}$$

与上述两种正确决策相反，S_1 信号被判断为 S_0 信号，或者 S_0 信号被判断为 S_1 信号，都属于二元假设检验的错误决策。错误决策发生的概率被称为（信号检测的）错误概率，分为第一类错误概率和第二类错误概率。

（三）第一类错误概率

真实的 H_0 假设（即 S_0 信号存在）却被拒绝，被判断为 S_1 信号存在的错误称为第一类错误。第一类错误概率常用符号 α 表示。在雷达预警的术语中，第一类错误称为虚警概率（false probability），因为无目标信号被判断为目标信号存在，属于虚假报警。虚警概率常用符号 P_F 表示。然而，在二进制脉冲幅度调制的无线通信信号的检测中，$S_1=p(t)$ 和 $S_0=-p(t)$ 代表的却是两个反极性的发射信号，其中 $p(t)$ 为一正幅度的脉冲信号，因此，第一类错误仅代表将负极性信号 $S_0=-P(t)$ 错误判断为正极性信号 $S_1=p(t)$。

既然是拒绝 H_0 假设的错误概率，所以第一类错误概率定义为 H_0 假设下决策统计量 $g=g(y)$ 大于阈值 Th 的条件概率 $P(g>\mathrm{Th}|H_0)$，或等价为 H_0 假设下决策统计量位于检测子空间 $D_1=(\mathrm{Th},\infty)$ 的条件概率 $P(g\in D_1|H_0)$，即：

$$P_F=\alpha=P(g>\mathrm{Th}|H_0)=P(g\in D_1|H_0)=\int_{\mathrm{Th}}^{\infty}f(g|H_0)\mathrm{d}g \tag{4.3.3}$$

（四）第二类错误概率

H_0 假设本来不真实（即 S_0 信号不存在），却被判断为 SQ 信号存在的错误属于未拒绝不真实的 H_0 假设的检测错误，称为第二类错误。在不同的应用中，第二类错误有着大不相同的含义。

在雷达信号检测中，S_1 通常代表目标信号，而 S_0 表示无目标信号，因此，在雷达预警的术语中，有目标被当作无目标的错误称为漏警；漏警发生的概率被称为漏警概率（miss probability），常用符号 P_M 或 β 表示。与雷达预警不同，在二进制脉冲幅度调制的无线通信信号的检测中，第二类错误指的是将正极性信号 $S_1=p(t)$ 错误判断为负极性信号 $S_0=-p(t)$。

由于第二类错误是未能够拒绝不真实的 H_0 假设，所以漏警概率定义为 H_0 假设真实的情况下决策统计量 $g=g(y)$ 小于阈值 Th 的条件概率 $P(g<\mathrm{Th}|H_1)$，或等价为 H_1 假设下决策统计量 g 位于决策子空间 $D_0=(-\infty,\mathrm{Th})$ 的条件概率 $P(g\in D_0|H_1)$，即：

$$P_M=\beta=P(g<\mathrm{Th}|H_1)=P(g\in D_0|H_1)=\int_{-\infty}^{\mathrm{Th}}f(g|H_1)\mathrm{d}g \tag{4.3.4}$$

下面分析（正确）检测概率与错误概率之间的关系。注意到：

$$\int_{g\in D}f(g|H_i)\mathrm{d}g=\int_{-\infty}^{\infty}f(g|H_i)\mathrm{d}g-1,\qquad i=1,0$$

因此，检测概率与错误概率之间存在以下重要关系：

$$P_{D_0}=\int_{-\infty}^{\mathrm{Th}}f(g|H_0)\mathrm{d}g=\int_{-\infty}^{\infty}f(g|H_0)\mathrm{d}g-\int_{\mathrm{Th}}^{\infty}f(g|H_0)\mathrm{d}g=1-\alpha \tag{4.3.5}$$

$$P_{D_0}=\int_{\mathrm{Th}}^{\infty}f(g|H_1)\mathrm{d}g=\int_{-\infty}^{\infty}f(g|H_1)\mathrm{d}g-\int_{-\infty}^{\mathrm{Th}}f(g|H_1)\mathrm{d}g=1-\beta \tag{4.3.6}$$

以上两个关系式的物理意义分别如下：由于任何一个信号被正确和错误检测的总概率等于 1，所以 S_0 信号的正确检测概率 P_{D0}。很自然地应该是总检测概率 1 减去其错误检测概率 α 的结果，而负信号的正确检测概率 P_{D1} 也很自然地等于总检测概率 1 减去其错误检测概率 β。

二元假设检验的检测概率 P_D 既包括 H_0 假设的检测概率 P_{D0}，也包括 H_1 假设的检测概率 P_{D1}。令 $p_i(i=0,1)$ 是 S_0 信号存在的先验概率，其中 $p_0+p_1=1$，则二元假设检验的检测概率为：

$$P_D=p_0P_{D_0}+p_1P_{D_1}=p_0\int_{-\infty}^{\mathrm{Th}}f(g|H_0)\mathrm{d}g+p_1\int_{\mathrm{Th}}^{\infty}f(g|H_1)\mathrm{d}g \tag{4.3.7}$$

类似地，二元假设检验的错误概率既包括漏警概率 β，也包含虚警概率 α 在内：

$$P_E = p_0 P_M + p_1 P_F = p_0 \beta + p_1 \alpha \tag{4.3.8}$$

$$= p_0 \int_{-\infty}^{\mathrm{Th}} f(g|H_1)\mathrm{d}g + p_1 \int_{\mathrm{Th}}^{\infty} f(g|H_0)\mathrm{d}g \tag{4.3.9}$$

检测概率 P_{D} 错误概率 P_{E} 之间存在以下关系：

$$P_{\mathrm{D}}=1-P_{\mathrm{E}} \tag{4.3.10}$$

有必要强调指出：在雷达信号检测中，由于 S_0 表示无信号，所以信号的检测概率只指 S_1 的检测概率，而完全不关心 S_0 的检测概率，但在讨论错误概率时，却必须同时关心 S_0 的错误概率（虚警概率 α）和 S_1 的错误概率（漏警概率 β）。此时，检测概率直接定义为 S_1 信号检测概率：

$$P_D = \int_{\mathrm{Th}}^{\infty} f(g|H_1)\mathrm{d}g = 1-\beta = \gamma \tag{4.3.11}$$

并称 γ 为检验功效（power of test），它是备择假设 H_1 的函数。

式(4.3.11)的物理含义是：当 H_0 和 H_1 分别代表无目标信号和有目标信号的检验假设时，$\gamma=1-\beta$ 表示目标信号的实际检测概率，因而代表了二元假设检验的实际功效。

图 4-3-1 以雷达信号检测一类问题为例，画出了使用条件概率密度函数 $f(g|H_1)$ 和 $f(g|H_0)$ 作为决策统计量 g 时，检测概率 $P_{\mathrm{D}}=\gamma$、漏警概率 α、虚警概率 β 与决策空间 $D=D_0+D_1$ 之间的关系。

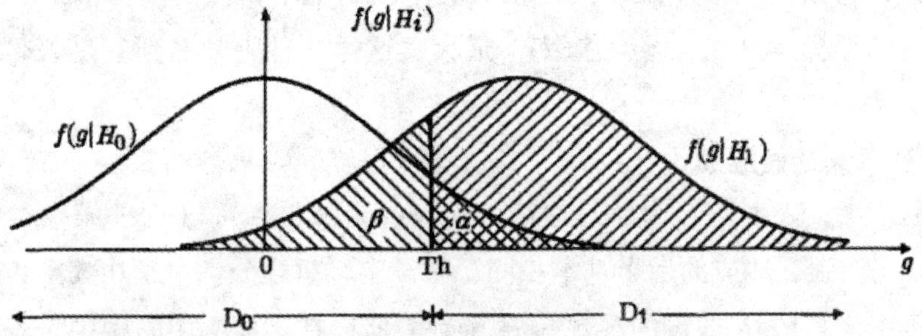

虚警概率 $P_{\mathrm{F}}=\alpha$ = 网格表示的区域；

漏警概率 $P_{\mathrm{M}}=\beta$ = 下斜线（网格除外）表示的区域；

检测概率 $P_{\mathrm{D}}=\gamma$ = 上斜线（包括网格）表示的区域。

图 4-3-1　检测概率、错误概率与决策空间的关系

二、功效函数

式（4.3.11）定义了信号有无的二元假设检验问题

$$\begin{cases} H_0 : y_n = w_n \\ H_1 : y_n = S_1 + w_n \end{cases}$$

的检验功效。现在考查更一般的二元假设检验问题：

$$\begin{cases} H_0: y_n = S_0 + w_n \\ H_1: y_n = S_1 + w_n \end{cases} \tag{4.3.12}$$

其中 w_n 是一个均值为 μ、方差为 σ^2 的高斯随机变量

由定义公式（4.3.4）知，第二类错误概率 β 是阈值 Th 的函数，而 Th 又与 H_1 假设的参数 S_1 密切相关，因此 β 实质是 H_1 假设的参数 S_1 的函数，记作 $\beta(S_1)$。

定义 4.3.1 对于一个使用决策函数 $L(y)$ 或决策统计量 $g(y)$ 进行统计推断的二元假设检验问题，函数 $P(y)=1-\beta(S_1)$ 称作该假设检验的功效函数，它表示当 H_0 假设不真实时该决策函数或检验统计量拒绝 H_0 假设的概率。

由于 $\beta(S_1)$ 代表的是 S_1 被漏检的概率，所以上述定义表明，功效函数实际上就是信号而的检测概率，因此，原则上希望功效函数 $P(y)=1-\beta(S_1)$ 尽可能大。当功效函数达到最大时，称所采用的统计量是最大功效的。如果一个决策统计量是最大功效的，则称其为最优决策统计量。然而，在不同的应用场合，最大功效的含义是有区别的。这意味着：针对不同的信号检测对象，应该采用不同的决策准则。

信号检测的对象可以分为三种类型，它们分别对应不同的决策准则。

（一）Neyman-Pearson 准则

在雷达预警一类应用中，假设 H_0 代表无目标信号存在；而假设 H_1 为有目标信号的假设。由于第二类错误（目标的漏检）往往比第一类错误（目标的虚检）造成的后果严重得多，因此应该在允许一定的虚警（第一类错误）概率的情况下，使漏检概率最小，或者等价使功效函数（即目标信号 S_1 的检测概率）最大，这样一种决策准则就是著名的 Neyman-Pearson 准则。

（二）一致最大功效准则

在无线通信中，发射信号为反极性信号 $S_1=S(t)$ 和 $S_1=-S(t)$ 时，第一类错误和第二类错误都是误码错误，造成的后果基本相同，并没有轻重之分。由于功效函数代表的是 S_1 信号的检测概率，它是 H_1 假设的参数 S_1 的函数，所以在这类应用问题中，若能够使功效函数与 S_1 参数无关，就可以实现最大功效函数对负参数的所有可能取值都相同。这样的最大功效函数被称为均匀（或一致）最大功效函数，相应的决策准则被称为一致最大功效准则。

（三）Bayes 准则

任何一种决策方案总是伴随有一定的风险。在有些应用中，我们有时并不过分强调最佳决策，而更加重视风险最小即最保险的决策结果，这样一种风险最小的决策准则称为 Bayes 准则。

在本章后面各节，我们将主要围绕上述三种信号检验问题及其决策准则进行讨论。

第四节 Neyman-Pearson 准则

在实际的信号检测中，有许多应用问题可以归类为这样一种二元假设检验：零假设检验 H_0 代表仅有噪声的假设，而备择假设检验则代表观测数据中信号存在的假设。例如，雷达和声呐等信号检测就是这类典型的例子。

一、雷达信号检测的虚警概率与漏警概率

特别地，在雷达信号检测中，雷达回波脉冲的观测数据可以用下列二元假设检验模型来描述：

$$\begin{cases} H_0: y_n = w_n, & \text{目标不存在时} \\ H_1: y_n = S + w_n, & \text{目标存在时} \end{cases} \tag{4.4.1}$$

其中 S 表示雷达回波脉冲的幅值，它是一确定性信号，而加性噪声 w_n 一般为零均值和方差为 σ^2 的高斯白噪声，即：

$$E\{w_n\} = 0,\ \sigma^2 = \mathrm{var}(w_n),\ E\{w_n w_k\} = 0 \quad (\text{若} n \neq k)$$

在这类应用中，常直接使用 N 个观测数据 y_1，…，y_N 的样本均值

$$\bar{y} = \frac{1}{N}\sum_{n=1}^{N} y_n \tag{4.4.2}$$

作决策函数。此时，决策规则是

$$\begin{cases} H_0: \text{判断信号不存在，若} \bar{y} < Th \\ H_1: \text{判断为信号存在，若} \bar{y} > Th \end{cases} \tag{4.4.3}$$

因此，关键是如何确定合适的阈值 Th。

注意到 S 为确定性信号，w_n 是零均值、方差为 σ^2 的高斯白噪声，所以样本均值 $\bar{y}$ 和 w_n 一样，也服从高斯分布。

样本均值的数学期望：

$$E\{\bar{y}|H_0\} = u_w = 0,\ E\{\bar{y}|H_1\} = u_S = S$$

而方差：

$$\mathrm{var}\{\bar{y}|H_0\} = \mathrm{var}\{\bar{y}|H_1\} = \frac{\sigma^2}{N}$$

换言之，样本均值 $\bar{y}$ 在 H_0 假设下是一个均值为 0、方差为 σ^2/N 的高斯分布，而在 H_1 假设下则是一个均值为 S、方差也为 σ^2/N 的高斯分布。就是说，高斯随机过程 $\bar{y}$ 的条件概

率密度函数分别为：

$$f(\bar{y}|H_0)=\frac{1}{\sqrt{2\pi\,\mathrm{var}(\bar{y}|H_0)}}\exp\left[\frac{(\bar{y}-E\{\bar{y}|H_0\})^2}{2\,\mathrm{var}(\bar{y}|H_0)}\right]$$
$$=\frac{1}{\sqrt{2\pi/N}\sigma}\exp\left(\frac{\bar{y}^2}{2\sigma^2/N}\right) \tag{4.4.4}$$

$$f(\bar{y}|H_1)=\frac{1}{\sqrt{2\pi\,\mathrm{var}(\bar{y}|H_1)}}\exp\left[\frac{(\bar{y}-E\{\bar{y}|H_1\})^2}{2\,\mathrm{var}(\bar{y}|H_1)}\right]$$
$$=\frac{1}{\sqrt{2\pi/N}\sigma}\exp\left(\frac{(\bar{y}-S)^2}{2\sigma^2/N}\right) \tag{4.4.5}$$

于是，虚警概率：

$$\alpha=\int_{\mathrm{Th}}^{\infty}f(\bar{y}|H_0)\mathrm{d}\bar{y}=\int_{\mathrm{Th}}^{\infty}\frac{1}{\sqrt{2\pi/N}\sigma}\exp\left(-\frac{\bar{y}^2}{2\pi/N}\right)\mathrm{d}\bar{y}=\frac{1}{2}\frac{2}{\sqrt{\pi}}\int_{\frac{\mathrm{Th}}{\sqrt{2/N}}\sigma}^{\infty}\mathrm{e}^{-u^2\mathrm{d}u}$$

利用补余误差函数的定义公式（4.2.25），可以将虚警概率表示为：

$$\alpha=\frac{1}{2}\mathrm{erfc}\left(\frac{\mathrm{Th}}{\sqrt{2/N}\sigma}\right) \tag{4.4.6}$$

由此知，阈值由虚警概率决定：

$$\mathrm{Th}=\frac{\sqrt{2}\sigma}{\sqrt{N}}\mathrm{erfc}^{-1}(2\alpha) \tag{4.4.7}$$

类似地，注意到 $\int_{-\infty}^{\infty}f(\bar{y}|H_1)\mathrm{d}\bar{y}=1$，可得漏警概率：

$$\beta=\int_{-\infty}^{\infty}f(\bar{y}|H_1)\mathrm{d}\bar{y}=1-\int_{Th}^{\infty}f(\bar{y}|H_1)\mathrm{d}\bar{y}$$
$$=1-\int_{\mathrm{Th}}^{\infty}\frac{1}{\sqrt{2\pi/N}\sigma}\exp\left(-\frac{(\bar{y}-S)^2}{2\sigma^2/N}\right)\mathrm{d}\bar{y}$$
$$=1-\frac{1}{2}\frac{2}{\sqrt{\pi}}\int_{\frac{\mathrm{Th}-S}{\sqrt{2\pi/N}\sigma}}^{\infty}\mathrm{e}^{-u^2}\mathrm{d}u$$

利用补余误差函数，漏警概率可以表示为：

$$\beta=1-\frac{1}{2}\mathrm{erfc}\left(\frac{\mathrm{Th}-S}{\sqrt{2\pi/N}\sigma}\right) \tag{4.4.8}$$

最后，检测概率：

$$P_D=\int_{\text{Th}}^{\infty}f(\overline{y}\Big|H_1)\mathrm{d}\overline{y}=\int_{\text{Th}}^{\infty}\frac{1}{\sqrt{2\pi/N\sigma}}\exp\left(-\frac{(\overline{y}-S)^2}{2\sigma/N}\right)\mathrm{d}\overline{y}=\frac{1}{2}\frac{2}{\sqrt{\pi}}\int_{\frac{\text{Th}-S}{\sqrt{2\pi/N\sigma}}}^{\infty}\mathrm{e}^{-u^2}\mathrm{d}u$$

即有：

$$P_D=\frac{1}{2}\text{erfc}\left(\frac{\text{Th}-S}{\sqrt{2\pi/N\sigma}}\right)=1-\beta \tag{4.4.9}$$

这与上一节得到的式（4.3.11）一致。

在雷达、声呐等信号检测中，通常会根据不同的应用，提出对虚警概率 α 与 / 或漏警概率 β 的要求。此时，我们就需要确定能够满足所提出要求而应该设置的阈值 Th 与 / 或样本长度 N。

例 4. 4. 1 雷达的观测数据为：

$$y_n=\begin{cases}H_0:w_n, & \text{目标不存在时}\\ H_1:1+w_n, & \text{目标存在时}\end{cases}$$

其中，加性噪声为零均值、单位方差的高斯白噪声。若令虚警概率 α=0.01，试求当 N=20 和 N=25 时的阈值 Th 和雷达的漏警概率 β 和检测概率 P_{D}。

解：由式（4.4.7）及 σ=1 知：

$$\text{Th}=\frac{\sqrt{2}\sigma}{N}\text{erfc}^{-1}(2\alpha)=\sqrt{2/N}\text{erfc}^{-1}(2\alpha)$$

令 $\text{erfc}^{-1}(2\alpha)=x$，则：

$$\text{erf}(x)=1-\text{erfc}(x)=1-2\alpha=1-2\times0.01=0.98$$

查误差函数表得 x=1.64，因此，阈值：

$$\text{Th}=\sqrt{2/N}\text{erfc}^{-1}(2\alpha)=\sqrt{2/N}\times1.64=\begin{cases}0.5186, N=20\\0.4639, N=25\end{cases}$$

将 S=1 和上述阈值代入式（4.4.9）得检测概率：

$$\begin{aligned}P_D&=\frac{1}{2}\text{erfc}\left(\frac{\text{Th}-S}{\sqrt{2/N}}\right)\\&=\begin{cases}0.5\text{erfc}(-1.5223)=0.5\,[1+\text{erf}(1.5223)]\approx0.984, N=20\\0.5\text{erfc}(-1.8954)=0.5\,[1+\text{erf}(1.8954)]\approx0.996, N=25\end{cases}\end{aligned}$$

其中查误差函数表有 $\text{erf}(1.5223)\approx0.9684$ 和 $\text{erf}(1.8954)\approx0.9926$。

漏警概率：

$$\beta = 1 - P_D = \begin{cases} 0.016, N = 20 \\ 0.004, N = 25 \end{cases}$$

因此，当样本个数 N=20 时，阈值 Th=0.5186、漏警概率为 β=0.016、检测概率为 0.984；而当 N=25 时，则阈值 Th=0.4639、漏警概率 β=0.004、检测概率为 0.996。

例 4. 4. 2 雷达观测数据模型与例 4.4.1 相同。现在希望使虚警概率 $\alpha=P_F=0.01$，漏警概率 $\beta=P_M=0.05$，求为了满足这些错误概率所需设置的阈值 Th 和样本数目 N。

解：由例 4.4.1 知，虚警概率：

$$\alpha = \frac{1}{2}\text{erfc}\left(\frac{\text{Th}}{\sqrt{2/N}}\right)$$

和漏警概率：

$$\beta = 1 - \frac{1}{2}\text{erfc}\left(\frac{\text{Th}-1}{\sqrt{2/N}}\right)$$

由以上两式以及题给条件 α=0.01 和 β=0.05，分别得：

$$\text{Th} = \frac{\sqrt{2}}{\sqrt{N}}\text{erfc}^{-1}(2\alpha) = \frac{\sqrt{2}}{\sqrt{N}}\text{erfc}^{-1}(0.02)$$

$$\text{Th} - 1 = \frac{\sqrt{2}}{\sqrt{N}}\text{erfc}^{-1}[2(1-\beta)] = \frac{\sqrt{2}}{\sqrt{N}}\text{erfc}^{-1}(1.9)$$

两式相除，结果为：

$$\frac{\text{Th}}{\text{Th}-1} = \frac{\text{erfc}^{-1}(0.02)}{\text{erfc}^{-1}(1.9)} \approx \frac{1.64}{-1.16} = -1.4138$$

解之，得 Th=0.5857。将此阈值代入：

$$\text{Th} = \frac{\sqrt{2}}{\sqrt{N}}\text{erfc}^{-1}(0.02) = \frac{\sqrt{2}}{\sqrt{N}} \times 1.64 = 0.5857$$

可求出 N=15.6808，取 N=16。因此，在雷达信号检测中，只要令阈值 Th=0.5857，以 N=16 个观测数据为观测数组，并且用其样本平均 $\bar{y}$ 进行决策：

$$\begin{cases} H_1：\text{判断为目标存在，若}\bar{y} > 0.5857 \\ H_0：\text{判断目标不存在，若}\bar{y} < 0.5857 \end{cases}$$

即可满足虚警概率 α=0.01 和漏警概率 β=0.05 的要求。

鉴于检测概率 P_D 是虚警概率 P_F 的单调函数，所以虚警概率的函数 $P_D(P_F)$ 称为接收机工作特性。

二、Neyman-Pearson 引理与 Neyman-Pearson 准则

由于在军事上漏警造成的损失往往比虚警的后果严重得多，因此在雷达、声呐等信号检测应用中，选择决策函数或决策统计量的准则应该是：在允许虚警概率不超过某个水平 α_0 的情况下，使漏警概率 β 最低，或等价使信号检测概率最大，以实现功效函数 $\gamma=1-\beta$ 最大；换言之，如果我们选择条件概率密度函数 $f(y|H_1)$ 作决策函数，则最大功效准则实质上就是下面的约束优化问题：

$$\gamma=\max\int_{\text{Th}}^{\infty}f(y|H_1)\mathrm{d}y=\max\int_{y\in R_c}f(y|H_1)\mathrm{d}y \tag{4.4.10}$$

约束条件为：

$$\int_{y\in R_c}f(y|H_0)\mathrm{d}y=\alpha_0 \tag{4.4.11}$$

需要注意，严格的约束条件应该是不等式约束，但是不等式约束优化问题的求解比等式约束优化问题的求解难得多，因此，上述约束优化问题将给出最大虚警概率 α_0 情况下的解。

最大功效准则的关键问题是：确定临界区 R_{C}。这一问题的求解需要应用到 Neyman-Pearson 引理。

Neyman-Pearson 引理令：

$$R_c=\{y:f(y|H_1)>kf(y|H_0)\} \tag{4.4.12}$$

式中 k 是使得式（4.4.11）得以满足的常数。若 R 是在观测样本空间 Ω 内的任意一个区域，并且：

$$\int_{y\in R}f(y|H_0)\mathrm{d}y=\alpha_0 \tag{4.4.13}$$

则：

$$\int_{y\in R_c}f(y|H_1)\mathrm{d}y\geqslant\int_{y\in R}f(y|H_1)\mathrm{d}y \tag{4.4.14}$$

证明 考虑两个积分的差：

$$\begin{aligned}&\int_{y\in R_c}f(y|H_1)\mathrm{d}y-\int_{y\in R}f(y|H_1)\mathrm{d}y\\&=\int_{y\in R_c}f(y|H_1)\mathrm{d}y-\int_{y\in R_1}f(y|H_1)\mathrm{d}y-\left[\int_{y\in R}f(y|H_1)\mathrm{d}y-\int_{y\in R_1}f(y|H_1)\mathrm{d}y\right]\\&=\int_{y\in R_c-R_1}f(y|H_1)\mathrm{d}y-\int_{y\in R-R_1}f(y|H_1)\mathrm{d}y\end{aligned}$$

将式（4.4.12）代入上式，立即有：

$$\begin{aligned}&\int_{y\in R_c} f(y|H_1)\mathrm{d}y-\int_{y\in R} f(y|H_1)\mathrm{d}y\\ &\geqslant \int_{y\in R_c-R_1} kf(y|H_0)\mathrm{d}y-\int_{y\in R-R_1} kf(y|H_0)\mathrm{d}y\\ &=k\left(\int_{y\in R_c-R_1} f(y|H_0)\mathrm{d}y-\int_{y\in R-R_1} f(y|H_0)\mathrm{d}y\right)\end{aligned} \tag{4.4.15}$$

若 R_1 是 R 和 R_C 的共同区域（参见图 4-4-1），并且满足：

$$\int_{y\in R_1} f(y|H_0)\mathrm{d}y=\alpha_0 \tag{4.4.16}$$

式（4.4.13）减去式（4.4.16）得：

$$\alpha-\alpha_0=\int_{y\in R} f(y|H_0)\mathrm{d}y-\int_{y\in R_1} f(y|H_0)\mathrm{d}y=\int_{y\in R-R_1} f(y|H_0)\mathrm{d}y$$

类似地，式（4.4.11）减去式（4.4.16）又有：

$$\alpha-\alpha_0=\int_{y\in R_c} f(y|H_0)\mathrm{d}y-\int_{y\in R_1} f(y|H_0)\mathrm{d}y=\int_{y\in R_c-R_1} f(y|H_0)\mathrm{d}y$$

于是有：

$$\int_{y\in R-R_1} f(y|H_0)\mathrm{d}y=\int_{y\in R_c-R_1} f(y|H_0)\mathrm{d}y$$

将这一结果代入式（4.4.15），立即得到：

$$\int_{y\in R_c} f(y|H_1)\mathrm{d}y\geqslant\int_{y\in R} f(y|H_1)\mathrm{d}y$$

这就证明了 Neyman–Pearson 引理。

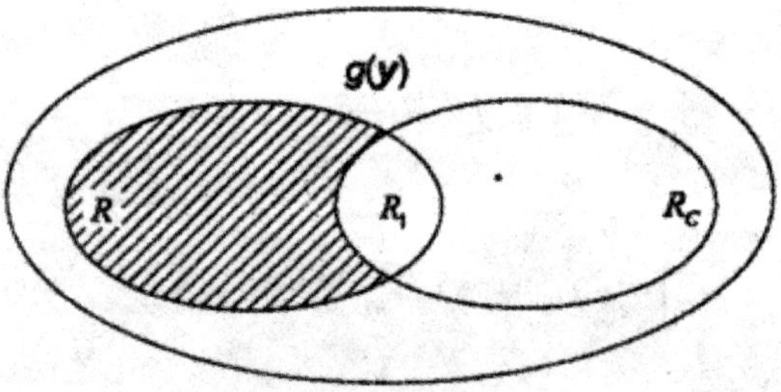

图 4-4-1　临界区

Neyman–Pearson 引理表明，位于观测样本空间 Ω 的任何区域 R 内的功效函数都不可能高于位于 R_c 内的功效函数；换言之，从功效函数最大的意义上讲，R_c 是最优临界区。这表明：式（4.4.12）就是约束优化问题（4.4.10）的解。

基于 Neyman–Pearson 的决策准则称为 Neyman–Pearson 准则。

利用观测数组 y=(y_i，…，y_N) 的似然比函数：

$$L(y)=\frac{f(y|H_1)}{f(y|H_0)} \tag{4.4.17}$$

作决策函数，则 Neyman–Pearson 准则又可写作：若决策函数：

$$L(y)=\frac{f(y|H_1)}{f(y|H_0)}>k \tag{4.4.18}$$

则判决 H_1 假设检验为真；否则接受 H_0 假设检验成立，其中 k 为阈值。此时，临界区的解表达式（4.4.12）可以等价写作：

$$R_c=\{y:L(y)>k\} \tag{4.4.19}$$

似然比函数经常采用对数形式：

$$L_1(y)=\ln[L(y)]=\ln\left[\frac{f(y|H_1)}{f(y|H_0)}\right]=\ln[f(y|H_1)]-\ln[f(y|H_0)] \tag{4.4.20}$$

此时，Neyman–Pearson 准则等价为：若决策函数：

$$L_1(y)=\ln\left[\frac{f(y|H_1)}{f(y|H_0)}\right]>k_1 \tag{4.4.21}$$

则判决 H_1 假设检验为真；否则接受 H_0 假设检验成立，其中 $k=\ln(k)$ 为阈值。

注意，阈值 k 或 k_1 由预先设定的允许虚警概率 α_0 决定。预先规定的虚警概率 α_0 也称做检验水平，它决定雷达、声呐等信号检测的质量。

第五节　一致最大功效准则

第四节以雷达信号检测为例，讨论了漏警与虚警有着不同后果的二元假设检验问题。本节以二进制脉冲幅度调制的通信系统为例，研究两种错误判决造成的后果完全相同的另一类型的二元假设检验问题。

一、通信信号检测问题

考虑二进制脉冲幅度调制（pulse amplitude modulation，PAM）通信系统，其发射信号波形为 $S_1(t)=p(t)$ 和 $S_0(t)=-p(t)$，其中 $p(t)$ 是一任意脉冲，它在码元间隔 $0\leqslant t\leqslant T$ 内不等于零，而在其他时间均为零。由于 $S_1(t)=-S_0(t)$，所以这两个信号称为反极性信号（antipodal signal）。

二进制脉冲幅度调制通信的二元假设检验问题可以描述为：

$$\begin{cases}H_0:r_0(t)=S_0(t)+w(t)\\ H_1:r_1(t)=S_1(t)+w(t)\end{cases}\quad 0\leqslant t\leqslant T \tag{4.5.1}$$

与雷达信号检测不同，通信发射信号 $S_1(t)=p(t)$ 被决策准则错误判断为 $S_0(t)=-p(t)$，

或者 $S_0(t)=-p(t)$ 被错误判断为 $S_1(t)=p(t)$，这两种错误决策带来的影响是相同的，并无虚警和漏警那样的严重后果之分。在通信信号检测问题中，所有的检测错误都统称为误码，无漏码和虚码之分，因此，在无线通信系统中，只有检测概率 P_D 和误码概率 P_E 两种指标。误码概率简称误码率。由于 $P_D+P_E=1$，所以只需要分析误码率。在实际应用中，误码率可以通过比特错误率（bit error rate，BER）估计：

$$BER=\frac{\text{误码的个数}}{\text{发射的字吗总数}}\times 100\% \tag{4.5.2}$$

式（4.5.1）所示检测问题不容易求解。为此，我们来考虑使用已知脉冲信号 $p(t)$ 对观测信号作相关解调运算的结果：

$$r_i=\int_0^T r_i(t)p(t)dt=\int_0^T S_i(t)p(t)\mathrm{d}t,\quad i=0,1 \tag{4.5.3}$$

这样一来，二进制脉冲幅度调制通信信号的检测问题便变为：

$$\begin{cases}H_0: r_0=S_0+n=-E_p+n\\ H_1: r_1=S_1+n=E_p+n\end{cases} \tag{4.5.4}$$

式中：

$$S_0=\int_0^T s_0(t)p(t)\mathrm{d}t=-\int_0^T p^2(t)\mathrm{d}t=-E_p \tag{4.5.5}$$

$$S_1=\int_0^T s_1(t)p(t)dt=-\int_0^T p^2(t)\mathrm{d}t=E_p \tag{4.5.6}$$

$$n=\int_0^T w(t)p(t)dt \tag{4.5.7}$$

而 E_p 代表脉冲信号 $p(t)$ 的能量：

$$E_p=\int_0^\infty p^2(t)dt=\int_0^T p^2(t)dt \tag{4.5.8}$$

由于脉冲信号 $p(t)$ 是确定性信号，它与包括高斯白噪声在内的任何随机信号都是统计不相关的，即 $E\{w(t)p(t)\}=0$，故有：

$$E\{n\}=\int_0^T E\{w(t)p(t)\}\,\mathrm{d}t=0 \tag{4.5.9}$$

注意，n 是一个高斯随机变量，其均值为零。

综合以上讨论，可以得出二进制脉冲幅度调制通信信号检测的决策规则：令阈值为零，若相关解调器的输出信号 r 大于零，则判断发射信号为 $S_1(t)=p(t)$；否则，判断发射信号

为 $S_0(t)=-p(t)$。

需要注意的是：虽然高斯随机变量 n 的均值等于零，但是由于它的随机变化，用零作为阈值，仍然会造成错误的决策判断。

二、一致最大功效检验

将式（4.5.4）推广为更一般的二元假设检验模型：

$$\begin{cases} H_0: y_n = S_0 + w_n = -\sqrt{E_p} + w_n \\ H_1: y_n = S_1 + w_n = \sqrt{E_p} + w_n \end{cases} \tag{4.5.10}$$

其中 w_n 是一个零均值、方差为 $\sigma 2$ 的高斯白噪声。

假定信号 $S_1 = \sqrt{E_p}$ 被发射，由于决策的阈值为零，所以 H_1 假设检验下的错误概率 $P(\mathrm{e}|H_1)$ 直接是输出 $y < 0$ 的概率，即：

$$\begin{aligned} P(\mathrm{e}|H_1) &= \int_{-\infty}^{0} (y|H_1)\mathrm{d}y \\ &= \frac{1}{\sqrt{\pi N_0}} \int_{-\infty}^{0} \exp\left[-\frac{(y-\sqrt{E_p})^2}{N_0} \right] \mathrm{d}y \\ &= \frac{1}{\sqrt{2\pi}} \int_{-\infty}^{-\sqrt{2E_p/N_0}} \mathrm{e}^{-x^2/2}\mathrm{d}x \\ &= \frac{1}{\sqrt{2\pi}} \int_{\sqrt{2E_p/N_0}}^{\infty} \mathrm{e}^{-x^2/2} dx \\ &= Q\left(\sqrt{\frac{2E_p}{N_0}} \right) \end{aligned} \tag{4.5.11}$$

式中 $N_0 = \frac{1}{2}\sigma^2$ 代表加性高斯白噪声 w_n 的能量，而 $Q(x)$ 是式（4.2.30）定义的 Q 函数。

类似地，当信号 $S_0 = -\sqrt{E_p}$ 发射时，H_0 假设检验下的错误概率是 $r > 0$ 的概率，也有 $P(\mathrm{e}|H_0) = Q(\sqrt{2E_p/N_0})$。由于二进制信号 $S_1 = \sqrt{E_p}$ 和 $S_0 = -\sqrt{E_p}$ 通常为等概率发射，即 $p_1 = p_0 = \frac{1}{2}$，故平均错误概率（误码率）。

$$P_E = p_1 P(\mathrm{e}|H_1) + p_0 P(\mathrm{e}|H_0) = \frac{1}{2} P(\mathrm{e}|H_1) + \frac{1}{2} P(\mathrm{e}|H_0) = Q\left(\sqrt{\frac{2E_p}{N_0}} \right) \tag{4.5.12}$$

从上式可以观察到两个重要的事实：

（1）误码率只与比例 $2E_p/N_0$ 有关，而与信号和噪声的其他特性无关，

（2）比例 $2E_p/N_0$ 代表接收机的输出信噪比。由于输出包括两个比特符号，所以 E_p/N_0 称为每个比特的信噪比。

临界区 R_C 或者阈值 Th 一般与备择假设 H_1 的参数有关。

定义 4.5.1 对于式（4.5.10）描述的二元假设检验问题，若临界区 R_C 或者阈值 Th 与备择假设 H_1 的参数 s_1 无关，则称该假设检验为一致最大功效（uniformly most power，UMP）检验。

对上述定义进行解读，"临界区 R_C 或者阈值 Th 与备择假设 H_1 的参数 s_1 无关"意味着：该假设检验的功效函数对于所有不同的 s_1 参数都是相同的或一致的；又因为我们总是寻求假设检验的最大功效，所以称之为一致最大功效检验。

如果二元假设检验为一致最大功效，则所采用的检验统计量 $g(y_1,\cdots,y_N)$ 称为一致最大功效检验统计量。

那么，如何针对一个二元假设检验问题，构造一致最大功效检验统计量呢？这里，我们仍然考虑加性高斯白噪声情况下的假设检验问题（4.5.10），但不再是零均值，而是均值为 m，方差仍然为 σ^2。

由于 w_n 为白噪声，且 s_1 和 s_0 为确定量，故 $y_1,\cdots,y_N$ 在 H_0 和 H_1 两种假设下是独立的，并且 $\{y_n\}$ 在 H_0 假设下是一个均值为 $\overline{s}_i$ 、方差为 σ^2 的高斯随机过程，即有：

$$f(y_n|H_1)=\frac{1}{\sqrt{2\pi\sigma^2}}\exp\left[-\frac{(y_n-\overline{s}_1)^2}{2\sigma^2}\right] \tag{4.5.13}$$

$$f(y_n|H_0)=\frac{1}{\sqrt{2\pi\sigma^2}}\exp\left[-\frac{(y_n-\overline{s}_0)^2}{2\sigma^2}\right] \tag{4.5.14}$$

式中：

$$\overline{s}_1=s_1+m \text{ 和 } \overline{s}_0=s_0+m \tag{4.5.15}$$

利用 $\{y_i\}$ 在 H_1 和 H_0 假设下的独立性知，观测数组 $y=(y_1,\cdots,y_N)$，在 H_1 假设和 H_0 假设下的条件概率密度函数分别为：

$$f(y|H_1)=\prod_{n=1}^{N}f(y_n|H_1)=\frac{1}{(2\pi\sigma^2)^{N/2}}\exp\left[-\sum_{n=1}^{N}\frac{(y_n-\overline{s}_1)^2}{2\sigma^2}\right] \tag{4.5.16}$$

$$f(y|H_0)=\prod_{n=1}^{N}f(y_n|H_0)=\frac{1}{(2\pi\sigma^2)^{N/2}}\exp\left[-\sum_{n=1}^{N}\frac{(y_n-\overline{s}_0)^2}{2\sigma^2}\right] \tag{4.5.17}$$

由此得到似然比函数：

$$\frac{f(y|H_1)}{f(y|H_0)}=\frac{\exp\left[-\sum_{n=1}^{N}\frac{(y_n-\overline{s}_1)^2}{2\sigma^2}\right]}{\exp\left[-\sum_{n=1}^{N}\frac{(y_n-\overline{s}_0)^2}{2\sigma^2}\right]} \tag{4.5.18}$$

考虑使用对数似然比函数作决策函数：

$$L_1(y)=\ln\left[\frac{f(y|H_1)}{f(y|H_0)}\right]=-\sum_{n=1}^{N}\frac{(y_n-\overline{s}_1)^2}{2\sigma^2}+\sum_{n=1}^{N}\frac{(y_n-\overline{s}_0)^2}{2\sigma^2} \tag{4.5.19}$$

于是，与 Neyman-Pearson 准则类似，若决策函数，即：

$$-\sum_{n=1}^{N}\frac{(y_n-\overline{s}_1)^2}{2\sigma^2}+\sum_{n=1}^{N}\frac{(y_n-\overline{s}_0)^2}{2\sigma^2}>k_1$$

则判断发射的是 s_1 信号；否则，判断 s_0 信号发射。简化上式的表示，可得以下决策准则，若：

$$(\overline{s}_1-\overline{s}_0)\sum_{n=1}^{N}y_n-\frac{N}{2}(\overline{s}_1^2-\overline{s}_0^2)>\sigma^2k_1$$

则判断发射的是 s_1 信号；否则判断 s_0 信号发射。这一决策准则又可等价叙述为：判断 s_1 信号发射，若：

$$\frac{1}{N}\sum_{n=1}^{N}y_n>\frac{1}{N}\left[\sigma^2k_1+\frac{N}{2}(\overline{s}_1^2-\overline{s}_0^2)\right]\frac{1}{\overline{s}_1-\overline{s}_0} \tag{4.5.20}$$

令检验统计量为：

$$g(y)=\overline{y}=\frac{1}{N}\sum_{n=1}^{N}y_n \tag{4.5.21}$$

阈值为：

$$\mathrm{Th}=\frac{1}{N}\left[\sigma^2k_1+\frac{N}{2}(\overline{s}_1^2-\overline{s}_0^2)\right]\frac{1}{\overline{s}_1-\overline{s}_0} \tag{4.5.22}$$

于是，决策准则公式（4.5.20）可以叙述为：若决策统计量：

$$g(y)=\overline{y}=\frac{1}{N}\sum_{n=1}^{N}y_n>Th(\text{阈值}) \tag{4.5.23}$$

则判断 s_1 信号发射；否则判断 s_0 信号发射。

下面分析决策统计量 $g(y)=\overline{y}$ 的性质。首先，由于决策统计量为观测数据的样本均值，而样本均值服从和观测数据一样的正态分布，所以当决策统计量取一随机数值 g 时，$g(y)$ 在 H_1 和 H_0 假设下的条件概率密度函数分别由正态分布：

$$f(g|H_1)=\frac{1}{\sqrt{2\pi\sigma^2/N}}\exp\left[-\frac{(g-\overline{s}_1)^2}{2\sigma^2/N}\right] \tag{4.5.24}$$

$$f(g|H_0)=\frac{1}{\sqrt{2\pi\sigma^2/N}}\exp\left[-\frac{(g-\overline{s}_0)^2}{2\sigma^2/N}\right] \tag{4.5.25}$$

给出。

第六节　Bayes 准则

如果把检验统计量看作一种参数，那么决策过程本质上也是参数估计过程，因此，也可以从参数估计的视角出发，讨论二元假设检验问题的决策准则。这样的准则叫作 Bayes 准则。与在虚警概率限定在一定水平而使检测概率最大的 Neyman–Pearsoll 准则，以及追求阈值与备择假设的参数无关的一致最大功效准则不同，Bayes 准则旨在使决策的风险最小。

一、代价函数与风险函数

参数 θ 的估计有两大类方法。一类方法是使与估计 $\hat{\theta}$ 和真实参数 θ 有关的代价函数或成本函数 $C(\hat{\theta},\theta)$ 最小化；另一类方法是使似然函数最大化。

定义 4. 6. 1 令 θ 是一参数，它在参数空间内取值；而其估计 $\hat{\theta}$ 则在结果或行为空间 A 取值。称 $C(\hat{\theta},\theta)$ 为代价函数（cost function），若它是 $\hat{\theta}$ 和 θ 的实值函数，且满足以下两个条件：

（一） $C(\hat{\theta},\theta)\geq 0$ **对所有** $\hat{\theta}\in A$ **和** $\theta\in\Omega$ **均成立；**

（二）对每一个 $\theta\in\Omega$ **至少在结果空间** A **存在一个估计** $\hat{\theta}$**，使得** $C(\hat{\theta},\theta)=\left|\hat{\theta}-\theta\right|$。

下面是三种典型的代价函数（参见图 4–6–1）。

1. 绝对误差代价函数

使用估计 $\hat{\theta}$ 与真实参数 θ 之间的绝对偏差或误差作代价函数，即 $C(\hat{\theta},\theta)=\left|\hat{\theta}-\theta\right|$。

2. 误差平方代价函数

使用绝对误差的平方作为代价函数，即 $C(\hat{\theta},\theta)=\left|\hat{\theta}-\theta\right|^2$。

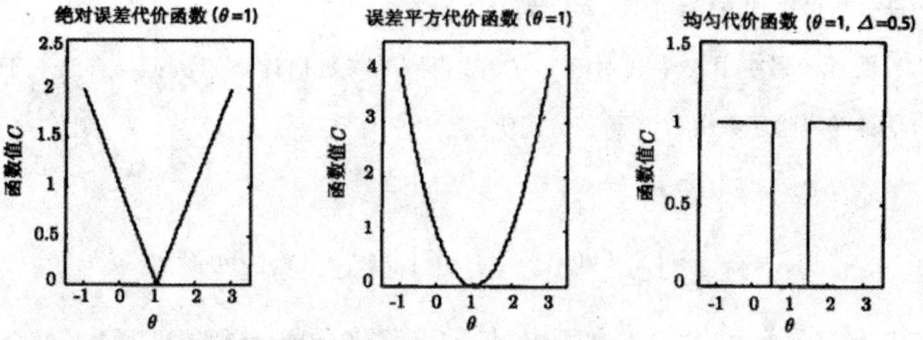

图 4-6-1 三种代价函数

3. 均匀代价函数

在误差 $e=\hat{\theta}-\theta$ 的某个范围 $-\Delta\leqslant e\leqslant\Delta$ 内代价函数为零，而在该范围之外代价函数恒等于 1，即：

$$C(\hat{\theta},\theta)=\begin{cases}0,\left|\hat{\theta}-\theta\right|>\Delta\\1,\left|\hat{\theta}-\theta\right|\geqslant\Delta\end{cases}$$

因为参数估计 $\hat{\theta}$ 为随机变量，所以上述三种代价函数都是随机变量，不便用作评价和比较的测度，为此，需要把它们变成常数量，这就引出了风险函数的概念。

定义 4. 6. 2 风险函数（risk function）是代价函数的数学期望值，即：

$$R=E\left\{C(\hat{\theta},\theta)\right\} \tag{4.6.1}$$

使风险函数最小的估计称作 Bayes 估计，记作 $\hat{\theta}_{\text{Bayes}}$。Bayes 估计取决于真实参数 θ 的先验概率密度。

二、最小均方估计

对于误差平方代价函数，其风险函数：

$$R=E\left\{C(\hat{\theta},\theta)\right\}=E\left\{(\hat{\theta},\theta)^2\right\}$$

就是估计 $\hat{g}$ 的均方误差（mean square error）。因此，Bayes 准则变为使均方误差最小化。特别地，这样一种准则称为最小均方误差（minimum mean square error，MMSE）准则，简称 MMSE 准则。

MMSE 准则是一个重要的优化准则，它广泛应用于信号处理、信息论、通信、控制理论等众多信息学科的优化问题中。

在 MMSE 准则下得到的估计 $\hat{\theta}$ 称为参数 θ 的最小均方估计，这里简记作 $\hat{\theta}_{MS}$。

下面分析最小均方估计的风险函数：

为方便计，将使用 N 个观测值 $y_1,\cdots,y_N$ 得到的参数估计记作 $\hat{\theta}(y_1,\cdots,y_N)$。于是，最小均方估计的风险函数由 N+1 重积分确定：

$$\begin{aligned} R_{MS} &= E\left\{(\hat{\theta}-\theta)^2\right\} \\ &= \int_{-\infty}^{\infty}\cdots\int_{-\infty}^{\infty}\left[\hat{\theta}(y_1,\cdots,y_N)-\theta\right]^2 f(y_1,\cdots,y_N;\theta)dy_1\cdots dy_N d\theta \end{aligned} \tag{4.6.2}$$

式中 $f(y_1,\cdots,y_N;\theta)$ 代表 N 个观测值与真实参数 θ 的联合概率密度函数，它与条件概率密度函数 $f(\hat{\theta}|y_1,\cdots,y_N)$ 存在以下关系：

$$f(y_1,\cdots,y_N;\theta)=f(\theta|y_1,\cdots,y_N)f(y_1,\cdots,y_N) \tag{4.6.3}$$

条件概率密度 $f(y_1,\cdots,y_N;\theta)$ 习惯称为给定 N 个观测值时真实参数 θ 的后验概率密度。将式（4.6.3）代入式（4.6.2），则有：

$$\begin{aligned} R_{\mathrm{MS}} &= \int_{-\infty}^{\infty}\cdots\int_{-\infty}^{\infty} f(y_1,\cdots,y_N;\theta)\mathrm{d}y_1\cdots\mathrm{d}y_N \\ &\quad\times\int_{-\infty}^{\infty}\left[\hat{\theta}(y_1,\cdots,y_N)-\theta\right]^2 f(\theta|y_1,\cdots,y_N)\mathrm{d}\theta \\ &= \int_{-\infty}^{\infty}\left[\hat{\theta}(y_1,\cdots,y_N)-\theta\right]^2 f(\theta|y_1,\cdots,y_N)\mathrm{d}\theta \end{aligned}$$

因为第一个等式右边前一个 N 重积分等于 1。

求风险函数相对于 $\hat{\theta}$ 的导数，并令导数等于零：

$$\begin{aligned} &\frac{\mathrm{d}}{\mathrm{d}\hat{\theta}}\int_{-\infty}^{\infty}\left[\hat{\theta}(y_1,\cdots,y_N)-\theta\right]^2 f(\theta|y_1,\cdots,y_N)\mathrm{d}\theta \\ &= 2\int_{-\infty}^{\infty}\hat{\theta}f(\theta|y_1,\cdots,y_N)\mathrm{d}\theta-2\int_{-\infty}^{\infty}\theta f(\theta|y_1,\cdots,y_N)\mathrm{d}\theta=0 \end{aligned}$$

则可求出最小均方估计 $\hat{\theta}_{MS}$ 满足的关系：

$$\hat{\theta}_{\mathrm{MS}}\int_{-\infty}^{\infty}f(\theta|y_1,\cdots,y_N)\mathrm{d}\theta=\int_{-\infty}^{\infty}\theta f(\theta|y_1,\cdots,y_N)\mathrm{d}\theta$$

注意到：

$$\int_{-\infty}^{\infty}f(\theta|y_1,\cdots,y_N)\mathrm{d}\theta=1$$

故：

$$\hat{\theta}_{MS}=\int_{-\infty}^{\infty}\theta f(\theta|y_1,\cdots,y_N)\mathrm{d}\theta\overset{\text{def}}{=}E(\theta|y_1,\cdots,y_N) \tag{4.6.4}$$

其中 $\underline{\underline{\text{def}}}$ 为定义符号，即积分 $\int_{-\infty}^{\infty}f(\theta|y_1,\cdots,y_N)\mathrm{d}\theta$ 定义为给定 N 个观测值 $y_1,\cdots,y_N$ 时随机变化参数 θ 的条件期望 $E(\theta|y_1,\cdots,y_N)$。

结论：若采用平方误差作为代价函数，则在给定观测值 $y_1,\cdots,y_N$ 的情况下，随机参数 θ 的条件期望值 $E(\theta|y_1,\cdots,y_N)$ 就是参数 $\hat{\theta}$ 的风险最小估计或 Bayes 估计，即如式（4.6.4）所示，有 $\hat{\theta}_{\text{Bayes}}=\hat{\theta}_{\text{MS}}=E(\theta|y_1,\cdots,y_N)$。

参考文献

[1] 张薇，张虹，尹维春．“信号分析与处理”课程群综合性实验设计研究 [J]. 科技资讯，2016(29).

[2] 张建良，吴越，齐冬莲．基于 GNU Radio 架构的信号处理实验平台开发 [J]. 实验技术与管理，2016(11).

[3] 姜军强．基于小波变换的 300 冷轧机振动信号分析与处理的研究 [D]. 石家庄：石家庄铁道大学，2016.

[5] 尹丽．旋转机械振动信号处理算法研究与程序设计 [D]. 西安：西安工业大学，2016.

[5] 于刚．挖掘机振声信号时频分析研究与应用 [D]. 济南：山东大学，2016.

[6] 刘贺．线性调频连续波雷达信号处理研究及数据分析 [D]. 成都：西南交通大学，2016.

[7] 鲁自清．非相干散射雷达信号处理与分析 [D]. 南昌：南昌大学，2016.

[8] 刘琳琳．动态信号分析仪的软件开发及实现 [D]. 成都：电子科技大学，2016.

[9] 葛贞笛．基于声发射的非接触式机械密封膜厚检测技术 [D]. 成都：西南交通大学，2016.

[10] 赵晨杰．基于特征分析的地震信号交互处理系统研究与实现 [D]. 桂林：广西师范大学，2016.

[11] 唐陆正 .4 通道动态信号分析仪信号通道及处理载板设计 [D]. 成都：电子科技大学，2016.

[12] 柳华颖．多通道动态测试信号处理及控制逻辑设计 [D]. 成都：电子科技大学，2016.

[13] 王明扬．超宽带雷达多信号分析与处理实现方法研究 [D]. 成都：电子科技大学，2016.

[14] 吴昊．雷达信号脉内特征实时分析处理技术研究 [D]. 中国舰船研究院，2016.

[15] 刘芳芳．红外光谱用于胃内液体成分检测的信号处理和分析方法研究 [D]. 重庆：重庆邮电大学，2016.